错误记忆

周楚 著

False Memory

华东师范大学出版社

图书在版编目(CIP)数据

错误记忆/周楚著.—上海:华东师范大学出版社,2019
ISBN 978-7-5675-9615-3

Ⅰ.①错… Ⅱ.①周… Ⅲ.①记忆-研究
Ⅳ.①B842.3

中国版本图书馆CIP数据核字(2019)第178626号

错误记忆

著　　者	周　楚
策划编辑	彭呈军
审读编辑	王丹丹
责任校对	张艺捷
装帧设计	刘怡霖

出版发行	华东师范大学出版社
社　　址	上海市中山北路3663号 邮编 200062
网　　址	www.ecnupress.com.cn
电　　话	021-60821666 行政传真 021-62572105
客服电话	021-62865537 门市(邮购)电话 021-62869887
地　　址	上海市中山北路3663号华东师范大学校内先锋路口
网　　店	http://hdsdcbs.tmall.com
印 刷 者	常熟市文化印刷有限公司
开　　本	787×1092 16开
印　　张	12.25
字　　数	165千字
版　　次	2019年10月第1版
印　　次	2019年10月第1次
书　　号	ISBN 978-7-5675-9615-3
定　　价	38.00元

出版人　王　焰

(如发现本版图书有印订质量问题,请寄回本社客服中心调换或电话021-62865537联系)

本书得到教育部人文社会科学研究一般项目(批准号:11YJA190026)和复旦大学社会发展与公共政策学院科研发展基金资助。

目 录

前 言 　　　　　　　　　　　　　　　　　001

第一章
错误记忆的概述　　　　　　　　　　　001

1.1　错误记忆的含义　　　　　　　　　　002
1.2　错误记忆的研究历史　　　　　　　　004
1.3　错误记忆的主要类型　　　　　　　　019

第二章
错误记忆的研究范式　　　　　　　　　025

2.1　误导信息干扰范式　　　　　　　　　026
2.2　DRM 范式　　　　　　　　　　　　 028
2.3　想象膨胀范式　　　　　　　　　　　032
2.4　其他研究范式　　　　　　　　　　　035
2.5　不同范式的比较分析　　　　　　　　040

第三章
错误记忆的影响因素   043

3.1 影响编码阶段的因素   044
3.2 影响保持阶段的因素   056
3.3 影响提取阶段的因素   058

第四章
错误记忆的产生机制   063

4.1 基于激活的解释模型   064
4.2 基于监测的解释模型   075
4.3 基于激活与监测的双加工模型   080
4.4 错误记忆的脑机制   094

第五章
错误记忆易感性的个体差异   105

5.1 错误记忆易感性的年龄差异   106
5.2 不同特点个体的错误记忆易感性   117
5.3 不同临床疾病患者的错误记忆易感性   119

第六章
错误记忆的应用领域：目击者证词   121

6.1 外部信息对目击者证词的影响   122
6.2 内部加工对目击者证词的影响   127
6.3 对错误记忆的预防和识别   129
6.4 未来应用的方向   132

第七章
总结与展望   137

7.1 错误记忆与真实记忆的关系   138
7.2 错误记忆的适应性价值   145
7.3 未来研究的主要趋势   151

参考文献   158

前　言

在记忆研究的历史中,一个最引人注目的发现就是,人们会错误地回忆出从来没有经历过的事件或者回忆出来的事件与其经历过的真实情况完全不同。大量的研究结果表明,人类的记忆并非想象中那样可靠,不仅容易逝去,还很容易受到外界干扰信息的误导,甚至会自发地发生改变。人类的记忆并非是对现实事件的完美复制,而是对自身所体验到的事件的记录。错误记忆是一种常见的在记忆信息的编码、保持及提取过程中发生的扭曲现象,反映了人类记忆的建构性本质,对错误记忆的研究具有非常重要的理论意义和应用价值。

本书聚焦错误记忆这一记忆研究中的重要领域,从介绍错误记忆的含义及研究历史入手,重点阐述了错误记忆的类型、主要研究范式、影响因素、个体差异、认知机制及神经基础,简单介绍了错误记忆在司法领域的重要应用,并对错误记忆领域的最新研究进展和未来方向进行了展望。

具体而言,本书的第一章主要阐述了错误记忆的概念和基本含义、错误记忆领域的主要研究历程,以及错误记忆的两种主要类型。第二章重点介绍了错误记忆的几种主要研究范式,包括误导信息干扰范式、DRM 范式、想象膨胀范式,以及 Kassin-Kiechel 研究范式、类别联想研究范式和无意识知觉范式等,并对几种范式的特点进行了比较分析。错误记忆效应会因多种因素的影响而发生改变,影响记忆信息的编码、保持和提取的众多因素均决

错误记忆

定了错误记忆效应的大小,对这些影响因素的研究有助于深入了解错误记忆的产生机制。因此,本书的第三章探讨了影响记忆信息的编码、保持和提取的各种因素如何对错误记忆效应产生不同的作用,以及学习材料特征对错误记忆的影响。

第四章主要阐述了错误记忆的产生机制,分别对错误记忆的几种重要理论模型的核心观点及其优势和不足作了介绍和评述,其中包括内隐激活反应假设、总体匹配模型、模糊痕迹理论、联想激活理论、来源监测理论、差异—归因假设和激活/监测理论。这些理论模型都在一定程度上揭示了错误记忆的认知机制,但在对错误记忆的解释上也存在着各自的不足,因而还需要进一步的整合和完善,以加深我们对错误记忆现象本质的理解。在认知机制的基础上,本章还介绍了错误记忆的脑机制研究的最新进展,并对错误记忆与真实记忆在神经基础上的相似性与差异性进行了初步分析。第五章则探讨了诸如年龄、个体特征、临床疾病等因素对错误记忆影响的差异。错误记忆随年龄而表现出的发展趋势、不同个体对错误记忆的易感性差异等方面的研究,都进一步揭示了错误记忆现象在不同人群上所表现出的特征,这也为理解错误记忆的本质提供了重要的视角。

在第六章里,重点介绍了错误记忆在实验室外的主要应用领域——目击者证词可靠性方面的应用价值,以及错误记忆领域的现有实验研究成果对我国司法领域的重要借鉴意义。最后,在梳理已有研究的基础上,第七章深入分析了错误记忆与真实记忆的关系、错误记忆的适应性价值,以及近年来错误记忆领域研究的新热点与前沿方向。

作为国内错误记忆研究领域内的第一部系统性学术专著,我期望通过首次全面地介绍错误记忆这一当前记忆研究的前沿热点领域,帮助感兴趣的研究者深入了解该领域的研究现状,更希望越来越多的同行能够加入到人类记忆研究的队伍中来,共同为揭示人类记忆的本质特征贡献力量。

前言

在本书付梓之际,要特别感谢恩师杨治良教授,正是杨老师将我领进了记忆研究的大门,让我深深地感受到人类记忆的奇妙与魅力所在,更让我领略到科学研究的无穷乐趣与无限可能。我还要感谢我的老师张明教授、刘晓明教授、郭秀艳教授在我个人成长和学术生涯中一直给予的默默支持与鼓励。本书中凝练了在杨老师和各位老师的指导下所开展的大量实验研究,以及近年来我的研究团队与合作团队所共同取得的系列研究成果,本书的问世与大家多年来的共同努力是分不开的。最后,还要感谢华东师范大学出版社的彭呈军编辑和王丹丹编辑,他们为本书的正式出版付出了大量的心血。

周　楚

2018年冬月于上海

第一章
错误记忆的概述

记忆并非是数不清的、确定的、无生命的和片段性的痕迹的再兴奋。记忆是建立在我们对整个有组织的过去行为或经验的态度以及对一些通常以形象或言语的形式出现的显著细节的态度之间的关系的基础之上的可想象的重构或建构。

——Frederic C. Bartlett

错误记忆

1.1 错误记忆的含义

记忆是指随着时间推移,存储和提取信息的能力。人类对于记忆的思考和探索在几千年前便已开始,但运用科学实验法来研究人类记忆的相关规律,则始于德国心理学家 Ebbinghaus 在 19 世纪 70 年代后期的工作。1885 年,Ebbinghaus 在《记忆》(*Memory: A Contribution to Experimental Psychology*)一书中提出了研究记忆的实验方法,并根据自己在不同延迟时间下的记忆保持率作图,绘制出了著名的遗忘曲线,从此开创了用科学实验法研究记忆这一高级心理过程的先河。

自 Ebbinghaus 以来,随着记忆研究的实验方法和技术不断改进,研究者们对记忆的理解越来越深入,对记忆理论的建构不断完善。从最初的三级加工模型,到记忆的多重系统划分,让我们在认识到记忆系统本身复杂性的同时,也深化了对记忆本质的认识。

更重要的是,越来越多的研究发现,人类的记忆系统并非是对往昔经验的原样记录,任何经历过的事件都不是完全按照其最初的本来面貌进入头脑的,而是与个人的知觉、思想、态度、行为甚至想象等混合在一起。我们无法将过去经历过的事件像录像机一样完整而毫无偏差地记录在头脑中,而只能根据个人的标准来保持对事件的编码。大脑中已经储存的经验或知识,会影响我们如何对新的记忆进行编码、储存和提取。记忆是对我们所体验到的事件的记录,而不是对事件本身的复制(Schacter,1996),在此过程中经常会伴随着错误。例如,若让你回忆大学入学第一天和同寝室某位同学首次见面时的情景,尽管你和他共同经历了此事,但你们的回忆很可能会大相径庭:也许他会清楚地记得跟你说过的话,而你却只对他穿了什么颜色的衣服印象深刻,更有可能的是,你们俩其实是入学第二天才首次见面,而不是第一天。可以说,记忆与经历过的事实有关,却又不是它的孪生物。

第一章　错误记忆的概述

当代著名记忆心理学家 Schacter 曾在其著作《记忆的七宗罪》(*The Seven Sins of Memory*, 2001)中,以"七宗罪"类比,将人类记忆的问题区分为七种缺陷,即易逝(transience)、心不在焉(absent-mindedness)、阻滞(blocking)、错误归因(misattribution)、易受暗示(suggestibility)、偏差(bias)和纠缠(persistence)。例如:我们时常会忘记应该记住的事情或想法;会在回忆某些重要的信息时出现阻滞;会将回忆或想法归入错误的来源;会将来自外部的误导性信息错误地整合到自己的回忆中;会根据自己当前的知识、信念和感受去扭曲对之前经历的回忆;甚至会将没有发生的事情误认为是真实的。"七宗罪"一直与记忆如影随形,它似乎在提醒人们,我们的记忆远没有想象中的那样可靠。

为什么人类的记忆系统在经历了漫长的进化过程后,依然保留了上述种种缺陷?为什么我们无法对经历过的事实进行精确的复制?或者说,记忆为何有时甚至经常会缺乏可靠性?这是一个需要经过长期无数的实证研究才能解答的问题。对该问题的回答也是记忆研究最吸引人的方面,更可为我们理解记忆的本质提供一个崭新的视角。但在对记忆进行研究的早期,它却无数次与研究者们擦肩而过。

早在 1894 年,Kirkpatrick 在《心理学评论》(*Psychological Review*)的第一卷中发表了"一项关于记忆的实验研究"一文,文中指出以视觉客体形式呈现的项目要比以词的形式呈现的项目更容易记忆,意象有助于对言语材料的保持。该观点在以后的几年里断断续续被引用了数次,但人们都忽略了他在文章末尾处对其附带实验的结果所做的简短报告:

在对心理意象开始进行实验研究之前的一个星期,我向学生读了 10 个普通的单词。许多单词被回忆出来放在了记忆词表中。而且,当向学生读的是诸如"轴"、"顶针"、"刀"之类的词时,他们立刻能想到"线"、"针"、"叉"之类与前面读过的词有很高频率联想的词。结果是,许多学生认为这些词

错误记忆

是属于词表的。这是一个很好的例证,说明了经验在人们头脑中唤起的事件是如何被作为个体经验的一部分而被诚实地报告出来的(Kirkpatrick,1894,p.608)。

该段文字中所提到的因联想而导致的记忆错误直到近年来才得到了很多研究者的验证(如 Roediger & McDermott,1995)。至此,错误记忆作为一个独立的研究领域开始从记忆研究舞台的幕后走到了台前,进入了越来越多研究者的视线,并开始扮演着不可或缺的角色。错误记忆(False Memory)是指,人们会错误地回忆出从来没有经历过的事件,或者回忆出来的事件与其经历过的真实情况完全不同。对错误记忆的研究发现,人类记忆不仅容易逝去,还很容易受到外界干扰信息的误导,甚至在没有任何外界信息干扰的情况下,也会因内部联想过程而自发地发生改变。

1.2 错误记忆的研究历史

追溯错误记忆研究的历史,如果说 Kirkpatrick(1894)的研究仅仅是将记忆中的联想错误作为一种附带效应来进行说明的话,那么,最早对错误记忆现象进行实证研究的那个人就非英国著名心理学家 Bartlett 莫属了。Bartlett(1932)通过其系列实验研究指出,记忆并不仅仅是痕迹的重新兴奋过程,而是可想象的重构或建构。这样,他第一次强调了记忆过程中的主动性作用,使得人们对记忆中存在的基本错误类型的认识从单纯的遗忘(即遗漏性错误)扩展到另一种——替代性错误,而替代性错误的表现即是,人们会错误地记住没有发生过的事件,或者对它们的记忆与真实情况不同。继 Bartlett 之后,Loftus 等(1974)的研究从另一个角度探讨了干扰性信息所导致的记忆重构,Roediger 等(1995)的研究则系统地考察了记忆如何因内在联想过程而发生改变。

1.2.1　Bartlett 的先驱性研究

1932 年，Bartlett 出版了题为《记忆：一个实验的与社会的心理学研究》(*Remembering：A Study in Experimental and Social Psychology*)一书，书中详尽介绍了他对记忆所进行的系列实验研究，并提出记忆具有建构的特征。在该书中，Bartlett 提出了先前以无意义音节作为记忆材料进行研究的不足，他将日常生活中的记忆特征作为主要研究内容，使用故事、图画等有现实意义的材料进行研究，关注记忆的现实性特征，以及被试的先前经验和态度等对记忆的影响。

Bartlett(1932)的系列研究中采用了三类学习材料（包括民间故事、描述性散文段落和图画），并使用了两种研究方法：其一是重复再生(repeated reproduction)，即让被试在不同延时条件下对学习材料先后进行多次回忆，然后将被试的回忆内容与原始学习材料进行比较，以此来测量被试的记忆不断衰退和变化的情况；其二是系列再生(serial reproduction)，即先让被试 1 回忆先前记忆的材料，然后让被试 2 阅读被试 1 所回忆出的材料，并在一段时间后对此进行再生，而被试 3 又在被试 2 再生的基础上进行回忆，依次进行下去，得到一条"记忆链"，可以用于分析信息在传递的过程中发生了怎样的改变。

在其使用重复再生方法所进行的最著名的"幽灵的战争"实验中，他让被试阅读一个北美印第安民间故事——"幽灵的战争"（见下表 1-1），然后让被试在不同时间间隔下重复地对该故事进行回忆。结果发现，随着时间的推移，被试的记忆表现出了大量的遗漏，但更有趣和引人注意的是，被试犯了替代性错误，即他们在故事中增加了一些内容，使其听起来更合理和连贯。换句话说，在多次重复回忆后，被试的记忆发生了系统性的失真，对该故事的记忆发生了扭曲。

错误记忆

表1-1 重复再生实验中所选用的"幽灵的战争"故事

一个晚上,有两个从伊古拉来的青年男子走到河里想去捕海豹。当时,天空充满了浓浓雾气,非常平静。然后他们听到了战争的嘶喊声。他们想"也许有人在打仗"。他们逃到岸边,躲在一根木头后面。就在这时,有几艘独木舟出现了,他们听到了摇桨的声音,看到其中一艘向他们驶来,舟上坐着五个人,那些人问道:

"我们想带你们一起到河的上游去跟敌人打仗,你们觉得如何?"

其中一个年轻人说:"我没有箭。"

他们说:"箭就在船上。"

这个年轻人说:"我不想跟你们去,我可能会被杀死。我的亲戚朋友都不知道我去那里。不过你……"

他转向另一个人说:"可以跟他们一起去。"

因此,一个年轻人就跟他们走了,另一个年轻人回家了。

当战士们沿河而上,到达卡拉马另一端的一个村庄时,村庄的人涉水而来,开始战斗,许多人因此被杀死。就在此时,这个年轻人听到其中的一个战士说:"快,我们回家去!那个印第安人被打死了。"这时年轻人想:"哦,他们都是幽灵。"他并没有感到任何的不适,但他们却说他被射死了。

于是这些独木舟回到了伊古拉,这个年轻人上岸后回到家里,并且点起了炉火。他告诉所有人:"看!我跟这些幽灵一起去打仗。有许多同伴被杀死了,攻击我们的敌方也死了不少人。他们说我被射中了,但我并没感到任何的不适。"

他讲完这些话之后,安静了下来。当太阳升起的时候,他倒在了地上。有黑色的东西从他的嘴里流出来。他的脸扭曲变形。人们跳起来,大声呼叫。

他死了。

(采自郭秀艳,周楚,李宏英,2013,原文出自 Bartlett, 1932)

第一章 错误记忆的概述

通过把被试写下来的内容与故事原文进行精心的比较和分析后发现，被试所写下来的内容(见表1-2)与原文有很大差别。随着再生次数的增加，被试所描述的故事基本稳定在一个相当固定的形式：比原文更加短小连贯，原文中的奇异和超自然因素的痕迹被去除，事件发生的原因不断被合理化，不熟悉的表述被转换成相对熟悉的表述，整个故事被简化为一个有关一场战斗和死亡的极为直接的故事。

表1-2 某被试对"幽灵的战争"故事的回忆

被试L的第一次回忆(在读完故事15分钟后开始回忆)
两个从伊古拉来的年轻人外出捕海豹。他们以为自己听到了战争中的呐喊声。过不久他们听到了独木舟的摇桨声。一艘乘着五个当地人的独木舟朝他们划过来。其中一位当地人大声喊："和我们一起去，我们要和上游的那些人打仗。"这两个年轻人回答："我们没箭。""我们的船上有箭。"他们回答。其中一个年轻人于是说："我的亲朋不知道我去哪儿了。"他转向另一个年轻人说："但是，你可以去。"因此这个人回家，另一个人加入了这群人。 　　这群人一起往上游划行，直到卡拉马对面的一个村庄。在那里登上岸。那里的人冲到河边打仗，战争很激烈，两边都有不少人被杀死。挑起这次战争的这些人中，有一个大喊："我们回去，那个印第安人倒下了。"然后他们努力劝说年轻人退出战场回家，告诉他他受伤了，但是他并不觉得，然后他想他看到的所有在他身旁的都是一些幽灵。 　　当他们回来以后，这个年轻人告诉他所有的朋友所发生的事情。他描述两边有多少人被杀死。 　　天快亮时，这个年轻人觉得身体很难受。天亮时，黑色的东西从他的嘴里突然涌出，大家奔走相告："他死了。"

错误记忆

续 表

四个月后,被试 L 的第二次回忆
有两个人在船上,划向一座岛屿。当他们靠近岛屿时,有些当地人跑到他们那里,告诉他们岛上将有一次战争,并邀请他们参战。其中一个告诉另一个说:"你最好去,我无法去,因为我的亲人等我回去,他们不知道我会发生点什么事。但是你却没有人牵挂。"因此一个人跟着当地人,另一个人回家去了。 　　这里有一部分我记不住了。我不知道他是如何到战场去的,但是不管如何,这个人投入战争中,而且受了伤。那些人努力说服他回去,但他向他们保证他并未受伤。 　　我想他在打仗中的表现必然赢得了那些人的敬佩。 　　这个年轻人最后失去了知觉,那些当地人把他从战场上带回去了。 　　然后我想是那些当地人叙述了发生的事情,他们似乎看到那个人嘴中跑出了鬼魂。事实上是他呼吸的一种具体方式。我知道这个名词不在故事中,但这是我的想法,最后这个人在第二天天亮时死了。

(采自郭秀艳,周楚,李宏英,2013,原文出自 Bartlett,1932)

　　在以图片作为学习材料的系列再生实验中,Barlett 向第 1 位被试呈现一张图,要求被试记住,并根据自己的形象记忆将其画出。接着,将第 1 位被试画的图给第 2 位被试看,要求其记住并画出。再给第 3 位被试看,同样要求其记住并画出。如此依次进行,直至第 18 位被试。结果发现,每个被试画出的图都与前一位被试画出的图有所区别,而第 18 位被试画出的图与原图相比有惊人的差异(见图 1-1)。

　　Bartlett 使用上述方法所进行的系列研究具有非常重要的价值,一方面在于他强调了记忆研究应使用有意义的材料,且应该在现实生活情境中研究记忆问题,换句话说,拥有不同经验的人在解释、记忆、回忆相同材料时的

第一章　错误记忆的概述

图1-1　记忆过程中图形的变化(Bartlett,1932)

方式有很大不同,记忆研究应涉及材料的文化背景因素。这是多年来一直被记忆心理学家们忽略的一个问题。

更重要的是,他对再生的记忆(reproductive memory)和重构的记忆(reconstructive memory)作了区分(Roediger & McDermott,1995)。再生的记忆是指对记忆中材料的正确且机械的生成;重构的记忆则强调在回忆过程中会主动填充那些缺失的片段,而在这个过程中经常会发生错误。对有丰富意义的材料(如:故事和现实生活事件)的记忆更容易引发重构过程并因而发生错误,而对相对简单的材料(如:无意义音节和词表)的记忆则更容易引发再生的记忆且比较准确。

Bartlett(1932)指出,任何的学习和记忆都是在已有图式(即过去经验中形成的信息分类方式)的基础上进行的。当这些图式与正在记忆的内容相冲突时,人们便会歪曲记忆内容,以使之更适合于头脑中原有的观念,或者说更适合已有的图式。他认为记忆是一个积极主动的过程,其对象是有

错误记忆

意义的。记忆具有建构的特征,在回忆中人们会使用已保持的经验及头脑中已有的图式来对原始材料进行建构并对其进行解释,以重新生成该内容。可以说,对记忆的建构特征的强调是 Bartlett 为记忆研究,尤其是错误记忆研究所作的最大贡献。

尽管当代心理学对 Bartlett 的研究在错误记忆研究历史中的地位给予了高度的评价,但在当时却没有对实验心理学家们产生任何影响,更没有任何后续研究。直到 19 世纪 60 年代末 70 年代初,研究者们的注意才重新转到《记忆:一个实验的与社会的心理学研究》这本书上来,并表现出极大的兴趣和研究热情。继 Bartlett 之后,研究者们先后使用句子(Bransford & Franks, 1971; Brewer, 1977)、散文段落(Sulin & Dooling, 1974)、幻灯片系列(Loftus, Miller, & Burns, 1978)或录像片(Loftus & Palmer, 1974)等材料进一步验证了错误记忆的存在。其中,E. F. Loftus 等(1974)的研究成为了错误记忆研究历史上的一个里程碑。

1.2.2 Loftus 关于误导信息的研究

作为记忆研究领域中的卓越研究者之一,同 Bartlett 一样,Loftus 认为人们对事件的回忆并不是准确地再现,而是一种对实际发生的事件的重构,人们会用新信息和已有信息去填补在回忆某种经历或某事件时所出现的遗漏,而最终导致记忆发生调整和改变。与 Bartlett 所关注的内容不同,Loftus 对记忆重构的研究主要集中在干扰信息对记忆的影响方面。在记忆研究的早期,研究者们主要关注的是干扰信息在遗忘中的作用,前摄干扰和倒摄干扰可导致遗忘的结果发现已久。但当时的研究焦点是考察学过的信息的遗忘,并不关注干扰信息是如何引发记忆扭曲和错误记忆的。直到 1974 年,Loftus 和 Palmer 设计了一种与倒摄干扰范式相类似的实验范式,他们使用视频材料从另一个角度提出了新的问题,即误导性信息是如何改变人们对事件的记忆的。

在 Loftus 和 Palmer(1974)的研究中包括两个实验。在实验一中,先让 45 名学生以小组的形式观看七段时长不等(5—30 秒)的有关汽车交通事故的影片,每看完一段影片,都要求被试完成有关该交通事故的问卷,问卷中包含一个关键问题:"当两辆汽车＿＿＿＿时,汽车的时速大约为多少?"该划线位置的动词对不同组而言有所不同,包括撞毁(smashed)、碰撞(collided)、撞上(bumped)、碰到(hit)、接触(contacted),结果如下表 1-3 所示。Loftus 和 Palmer 指出,出现此结果的原因可能有二,其一是动词"撞毁"导致了被试的反应偏差,进而使之估计的速度偏高;其二是提问导致被试对事故的记忆表征发生了改变,即动词"撞毁"改变了被试的记忆,使之"看到"的事故要比真实情况更严重。如果是后者,则可以预期被试会"记得"一些实际上并未出现过的细节。

表 1-3　Loftus 等(1974)实验一中不同动词条件下的速度估计(单位：mph)

动词	平均速度估计
撞毁(smashed)	40.5
碰撞(collided)	39.3
撞上(bumped)	38.1
碰到(hit)	34.0
接触(contacted)	31.8

(采自 Loftus & Palmer, 1974)

在实验二中,他们让 150 名学生以小组的形式观看了一段不超过 1 分钟的汽车交通事故影片,影片中的事故时长 4 秒。影片观看结束后,让被试先用自己的话描述该事故,再回答一系列有关该事故的问题。其中关键问题是:"当两辆汽车＿＿＿＿时,汽车的时速大约为多少?"被试被分为三组,

错误记忆

对于第一组被试,划线部分动词为"撞毁"(smashed);对于第二组被试,划线部分动词为"碰到"(hit);控制组被试则不对其提问有关汽车时速的问题。结果发现"撞毁"组被试估计的时速(10.46 mph)要显著高于"碰到"组(8.00 mph)。一个星期后,再向三组被试询问相同的 10 个问题,其中关键问题是"你是否看到了撞碎的玻璃?"结果发现:"撞毁"组被试中,有 32% 对关键问题作了肯定回答,而"碰到"组被试有 14% 作了肯定回答。事实上,影片中并没有撞碎的玻璃。

Loftus 和 Palmer 认为该实验结果证明了提问方式可以影响被试的回答。在实验中,动词"撞毁"或"碰到"分别向被试暗示了不同程度的损坏,进而使被试关于撞车事件的记忆根据其记得的损坏程度发生了改变。由于动词"撞毁"意味着更深程度的损坏,因而使他们在以后更可能"记得"并不存在的碎玻璃。也就是说,带有诱导性的问题改变了人们对事件的记忆表征。

更进一步地,Loftus(1975)通过四个系列实验探讨了提问时问题的措辞方式是如何影响人们对该问题甚至是后续问题的反应的。在该研究中,Loftus 向被试提供了包含有不同假定前提的问题,并假设提问时的措辞方式会改变其对事件的记忆。在实验一中,被试观看过有关交通事故的影片后,要求他们完成一份包含 10 个题目的问卷。向其中一半被试提问的第一个问题是:"汽车 A 闯过停车标志时速度有多快?"向另一半被试提问的第一个问题是:"汽车 A 右转弯时的速度有多快?"所有被试的最后一个问题都是:"你是否在汽车 A 前看到了停车标志?"该实验结果显示,对于在第一个问题中提到停车标志的那组被试,有 53% 回答说他们看到了停车标志;而对于"右转弯"组被试,仅有 35% 声称他们看到了停车标志,且两组有显著差异。实验一中的假定前提(即停车标志)是在影片中真实存在的,在接下来的实验二、三、四中,Loftus 进一步在提问时向被试提供了错误的假定前提,包括:与影片中实际不同的信息(实验二),或影片中并未真实出现过的信息(实验三和四),并在初次问卷完成后的一个星期,测试了被试对影片中细节的记忆。结果发现,在问题提问中包含了错误数量的假定前提会影响被试对实际数量的回答(实验二);提问中包含了未曾出现在事件中的物体的错误假定前提(如:白色赛车在乡间道路上行驶,当它经过<u>谷仓</u>时速度有多快?)会重建被试对该物体(谷仓)的"记忆"(实验三);而且,与错误假定前提(如:你是否看见一辆客车停放在<u>谷仓</u>前?)相比,提问中仅仅包含该物体(如:你是否在影片中看到一个<u>谷仓</u>?)并不会改变被试对它(谷仓)的记忆。

Loftus 认为,该研究结果只能用建构假说(construction hypothesis)来解释。如图 1-2 所示,该假说认为记忆过程中既包括从大量信息中选择需要存储的经历并将其整合入已有的记忆表征中,也包括了将后来出现的新信息整合到记忆表征中。这种新信息的整合可能会改变或重构原有的记忆表征,进而导致后来的提取过程是最初的经历和后来所获得信息的共同作用的结果。换句话说,对事件的回忆不再是其原先实际发生时的模样,而是对之进行重构后的结果。

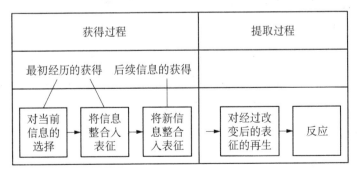

图 1-2 记忆过程图示(Loftus,1975)

错误记忆

这样继 Bartlett 之后，Loftus 在实验室情境下，通过严格控制的实验操作，成功地探讨了一个重要问题，即人们对复杂经历的记忆表征会受到已有知识经验的影响，也会受到该经历后所获得的后续信息的影响。她的系列实验研究也向我们提供了一种巧妙的技术，可以在无意识条件下通过问题中的假定前提向被试提供新信息，进而探讨人们的最初经历是如何与后来的新信息之间发生交互影响的。该技术被称为误导信息干扰范式（misinformation paradigm）。此后，研究者们使用该范式进行了大量研究，揭示了伴随最初事件之后的一些误导信息是如何改变和塑造人们对该事件的记忆的（如 Eakin，Schreiber，& Sergent-Marshall，2003；Garry & Loftus，1994；Lindsay & Johnson，1989；Loftus & Hoffman，1989；Loftus，Joslyn，& Polage，1998；Loftus & Pickerell，1995；Mitchell & Zaragoza，1996；Roediger，Jacoby，& McDermott，1996；Templeton & Wilcox，2000；Weingardt，Toland，& Loftus，1994；Wright & Loftus，1998）。在这些研究中，研究者们最关注的问题是，被试是如何将暗示的事件当作真正发生过的事件来记忆的。这些研究的结果对包括记忆研究和法律研究在内的很多领域均产生了重大的影响。

Loftus 为记忆研究所作的贡献已经使她本人被人们公认为记忆重构和目击证人证词研究领域的先导者。她将心理学对错误记忆乃至记忆的研究从实验室研究成功地延伸到现实的研究领域中，并取得了丰硕的成果。无论在目击证人证词可靠性的检验，还是被压抑的童年期记忆的研究方面，Loftus 和其同事的研究都令人印象深刻。正如 Loftus 本人所说："我研究记忆，而且我是一个怀疑论者。"(Loftus & Ketcham, 1994)

1.2.3 Roediger 对词表记忆的研究

1995 年，Roediger 和 McDermott 发展出一个不使用误导信息的全新词

第一章 错误记忆的概述

表学习范式,在实验室控制情境下,通过简单的学习—测验任务,同样发现了强大的错误记忆效应,使得因联想过程而导致的错误回忆和错误再认成为了错误记忆领域内的另一个重要主题。

Roediger 和 McDermott(1995)的研究发展自 Deese 的相关研究。Deese(1959b)编制了 36 张词表,每张词表中有 12 个词,且 12 个词都与某个特定的未呈现过的词有关联。例如:对于关键词"needle"(针),词表中的词分别为 thread(线)、pin(大头针)、eye(针眼)、sewing(缝纫)、sharp(锋利)、point(尖头)、pricked(刺穿)、thimble(顶针)、haystack(干草堆)、pain(刺)、hurt(疼痛)和 injection(注射)。他发现在学习后的即时自由回忆测验中,被试错误地回忆出了某些词表中实际未呈现过的关键词。在 Deese(1959a,1959b)的研究的基础上,Roediger 和 McDermott(1995)进一步创造出一系列词表用于研究错误记忆现象。

在实验一中,他们向被试依次以听觉形式呈现分别由 12 个单词组成的 6 张词表(详见表 1-4 所示),每个词表中的所有项目均与某个未呈现过的关键词(也被称为关键诱饵)有关,但这些关键词在学习阶段并不呈现。在每张词表呈现完毕时,都要求被试完成回忆测验,尽可能地写下他们确信在词表中曾经出现过的词(不允许猜测)。最后,会再要求被试完成一个再认测验。再认测验由 42 个项目组成,其中包括 12 个学过项目和 30 个未学过项目。未学过项目有三种类型:(1)6 个关键诱饵(如 needle),(2)12 个与学过词表完全无关的词,(3)12 个与学过词表有弱关联的词(每张词表 2 个)。再认测验以区组形式呈现,每个区组有 7 个项目(2 个学过项目,2 个弱关联项目,2 个无关项目,1 个未学过的关键诱饵),且区组分别与 6 个词表相对应。每个区组都以一个学过项目开始,并以关键诱饵结束,中间项目随机呈现。在两个学过项目中,一个是位于学习词表中的第一个位置(即与关键诱饵有最强的联想);另一个位于学习词表中前 6 的位置。在再认测验中,要

错误记忆

求被试对测验项目先前是否呈现在词表中作出自信心判断（4点评分，1为确认为新，2为可能为新，3为可能为旧，4为确认为旧）。

表1-4　Roediger 和 McDermott（1995）实验一中所使用的词表

chair	mountain	needle	rough	sleep	sweet
table	hill	thread	smooth	bed	sour
sit	valley	pin	bumpy	rest	candy
legs	climb	eye	road	awake	sugar
seat	summit	sewing	tough	tired	bitter
soft	top	sharp	sandpaper	dream	good
desk	molehill	point	jagged	wake	taste
arm	peak	prick	ready	snooze	tooth
sofa	plain	thimble	coarse	blanket	nice
wood	glacier	haystack	uneven	doze	honey
cushion	goat	thorn	riders	slumber	soda
rest	bike	hurt	rugged	snore	chocolate
stool	climber	imjection	sand	nap	heart

（采自 Roediger & McDermott，1995）

实验一的结果显示：（1）在回忆测验中，被试对学过项目的回忆率为65%，对未呈现过的关键诱饵的回忆率为4%，与其对位于词表中间位置的学过项目的回忆率相当；而且，被试是在回忆测验的后半程产生对关键诱饵的错误回忆。（2）在再认测验中，对学过项目的击中率为86%，对无关项目的虚报率仅为2%，对弱关联项目的虚报率为21%（显著高于无关项目），对未学过的关键诱饵的虚报率则为84%，几乎与对学过项目的击中率相当；并且，超过半数的被试报告说他们确信关键诱饵在学习阶段曾经在词表中出现过。

表1-5 Roediger 和 McDermott(1995)实验一中的再认结果

项目类型	"旧的"反应比率		"新的"反应比率		平均等级
	4	3	2	1	
学过项目	0.75	0.11	0.09	0.05	3.6
未学过项目					
无关项目	0.00	0.02	0.18	0.80	1.2
弱关联项目	0.04	0.17	0.35	0.44	1.8
关键诱饵	0.58	0.26	0.08	0.08	3.3

(采自 Roediger & McDermott, 1995)

在接下来的实验二中,Roediger 和 McDermott 将实验一中的词表扩展为 24 张 15 个词组成的词表,进一步考察对项目的最初回忆是如何影响个体后来对同一项目的再认的,同时还使用了 R/K 程序(remember-know procedure)来考察被试在对未呈现过的关键诱饵进行错误再认时的现象学体验。实验二的具体程序为:被试首先听觉学习 16 张词表,其中一半的词表学习完毕后被试将接受即时自由回忆测验,另一半词表学习完毕后则进行算术测试;所有词表学习完后,接受 96 个项目的再认测验,再认测验中的项目由 16 张学过的词表和另外 8 张未学过的同类词表中的项目组成,学过项目与未学过项目各半;在再认测验中,被试需要对每个测验项目作出新、旧判断,并对判断为旧的项目进一步作出 R/K 判断,其中 R 判断(记得)意味着被试对该项目先前的呈现有清晰的记忆(如:记得朗读者在读该词时的声音、记得该词前面或后面的词或记得该词呈现时自己在想什么等),K 判断(知道)意味着被试确信该项目先前呈现过,但却不记得细节。实验二的结果显示:(1)在回忆测验中,被试对关键诱饵的回忆率为 55%,比位于词表中间位置的学过项目的回忆率略高。(2)在再认测验中,对于学过项目,"学习+回忆"组被试的击中率显著高于"学习+算术"组,说明先前的回

错误记忆

忆促进了后来的再认测验,而且被试的 R 反应较高;被试对关键诱饵的虚报率接近对学过项目的击中率,说明被试无法有效地区分关键诱饵,而且,与"学习+算术"条件相比,"学习+回忆"条件增强了被试后来对关键诱饵的错误再认,在经历了回忆之后,被试更容易认为他们"记得"关键诱饵当初呈现过的细节(这与学过项目类似)。

表1-6　Roediger 和 McDermott(1995)实验二中的再认结果

项目类型 及实验条件	"旧"反应的比率		
	总体	R	K
学过项目			
学习+回忆	0.79	0.57	0.22
学习+算术	0.65	0.41	0.24
未学过	0.11	0.02	0.09
关键诱饵			
学习+回忆	0.81	0.58	0.23
学习+算术	0.72	0.38	0.34
未学过	0.16	0.03	0.13

(采自 Roediger & McDermott, 1995)

在此之前,尽管有研究发现了人们在记忆过程中会出现错误,但是 Roediger 和 McDermott(1995)的研究在很大程度上扩展了该领域的已有研究结果。一方面,他们第一次系统地发展出了一个词表学习范式(后被称作 Deese/Roediger-McDermott paradigm,简称 DRM 范式),在该范式下可以成功地引发出被试对未学过的关键诱饵的错误记忆,且被试对关键诱饵的错误回忆或错误再认均接近对学过项目的正确回忆或正确再认。另一方面,他们使用了同一研究范式,在回忆和再认测验中都发现了稳定而强大的错误记忆效应,甚至被试还报告说他们"记得"这些词曾经呈现过(即声称能够回忆出这些关键诱饵当初呈现时的细节)。这为后来的记忆研究者们在实验室控制情境下进一步研究错误记忆提供了有效的方法。

自1995年起,越来越多的研究者加入到了错误记忆研究的队伍中,使用该词表学习范式对错误记忆现象展开了大量系统的研究,也使得在当代心理学意义上对错误记忆的研究从此拉开帷幕。

1.3 错误记忆的主要类型

前面所介绍的Loftus和Palmer(1974)所创立的误导信息干扰范式与Roediger和McDermott(1995)发展出来的词表学习范式(DRM范式)在错误记忆研究的历史中均占有非常重要的地位,它们分别代表了错误记忆的两种不同研究取向。前者关注实验控制条件下人们对相对现实化的复杂事件的错误记忆;后者则关注的是严格实验室控制条件下人们对单词的错误记忆。这两种不同的研究取向一方面使某些研究者认为,Roediger和McDermott的词表学习范式与Lofus和Palmer的误导信息干扰范式下的错误记忆由于所使用研究材料的不同而可能存在本质的不同;另一方面,也是最重要的,这两种范式之间最大的差异就是,DRM范式下的错误记忆完全来自个体内部的联想过程,而误导信息干扰范式下的错误记忆则来自外界信息的干扰。这直接预示了可能存在两种类型的错误记忆:一种产生自个体的内部加工过程,而非外部信息的干扰;一种则主要产生自对外部信息的加工。

可以说,DRM范式与误导信息干扰范式最大的区别不在于是否使用了不同的实验材料,也不在于是否处于不同的实验情境,而是在于导致了对错误记忆现象的精确区分,即可能存在着分别产生自内部加工和外部加工的两种错误记忆。

错误记忆

1.3.1 产生自内部加工的错误记忆

在 Bartlett(1932)的"幽灵的战争"研究中,Bartlett 向英国的学生被试提供印第安民间故事并要求其记忆,最后发现被试的记忆发生了改变,而且该改变的结果是被试对记忆中故事的描述更合理化且符合英国的传统文化。该研究揭示了个体内部的已有图式对记忆的影响。而 Roediger 和 McDermott(1995)的研究向我们呈现的是同样的问题:在仅仅学习过与某个词具有高度语义联想或关联的词表后,个体内部的联想过程就可以改变其对词表中单词的记忆,表现出对实际上并未真正呈现过的语义关联词的较高比率的错误回忆或错误再认。在 DRM 范式下,这种高比率的错误回忆或错误再认并非由任何外界信息的干扰所致,表明了人们的记忆仅仅通过内部的加工就可以轻易地发生改变。

除此而外,另有研究考察了想象对记忆改变的作用,结果发现在没有任何外界信息干扰的情况下,对童年生活事件单纯的想象也能够增加人们对实际未发生过事件的错误记忆的可能性。这个现象现在被称为想象膨胀(imagination inflation,见 Garry, Manning, Loftus, & Sherman, 1996; Goff & Roediger, 1998;详见本书第二章)。Thomas 和 Loftus(2002)的研究要求被试先想象或做一些日常动作(如:弹硬币)和古怪动作(如:坐在骰子上),第二天再让被试想象自己做了各种不同动作(其中有些动作与前一天相同,有些是全新的动作),两星期后,测验被试对最初阶段动作的记忆情况,结果发现被试会将先前仅想象过或完全没有呈现过的动作认为是自己最初做过的。该研究结果说明在经历了重复想象后,人们对动作(甚至是古怪动作)的记忆也会失真。不仅如此,还有研究发现,即使在想象阶段让被试想象的动作是由他人而非自己作出时,也会引发被试对自己动作的错误记忆(Lindner & Echterhoff, 2015);甚至仅仅是观察他人做动作同样会产生类似的效果(Lindner, Schain, & Echterhoff, 2016)。以上研究均揭示了，无论是对于生活事件还是动作的记忆都可以因为想象过程而发生改变，而且该改变可以在没有任何外在压力或影响的情况下发生。

这些研究的结果都向我们揭示了，不仅对先前未发生过的事件的想象可以使人们产生对该事件的错误记忆，对真正发生过的事件的描述同样可以歪曲人们的记忆。在这些情况下，人们的记忆都不是因来自外部的干扰而发生了改变，而是完全来自个体内部的加工过程。

1.3.2　产生自外部加工的错误记忆

与上述类型的错误记忆有所不同，Loftus 等（1974）使用误导信息干扰范式所进行的研究中，向被试提供的是关于先前经历事件的误导性信息，并发现了被试记忆的改变。这种后来事件对先前类似事件的记忆的干扰作用在记忆研究的历史上由来已久，只是在当时被称为倒摄干扰，而且被应用于不同的研究目的。

Loftus（1993）提及她和同事曾将误导信息和想象膨胀两种方法结合在一起对一个个案进行了考察，她成功地让一个十几岁的男孩（Chris）产生了对自己早先曾经在商场走失的经历的错误记忆，并对此深信不疑。在研究中，她让男孩的哥哥向他描述了其走失过程的一些细节，两个星期后，Chris能够详细地"回忆"出该事件的细节，其中还包括那个当时帮助了他的男人的具体形象特征。Otgaar、Candel、Merckelbach 和 Wade（2009）向儿童展示了一篇虚假报纸文章，内容是很多人在 4 岁时被 UFO 绑架，随后告知儿童被试他们的母亲已经证实他们曾经被 UFO 绑架过。之后对被试在七天内进行两次回访，并要求其回忆 UFO 绑架事件，结果发现超过 70％的儿童生动而错误地回忆出他们曾被 UFO 绑架的事情。例如，一个孩子记得在UFO 里看到闪光、蓝色/绿色的木偶和其他被绑架的孩子。上述研究结果表明，儿童会由于受到外部误导信息的植入而虚构出实际上从未经历过的

错误记忆

事件。

Hyman和Billings(1998)对该种类型的错误记忆进行了系统研究,发现个体差异在其中起了非常重要的作用。在此之前,Kassin和Kiechel(1996)在实验室情境下通过提供误导信息,考察了社会依从在特定事件的错误记忆产生过程中的作用,他们发现当被试被指责在实验过程中做出了不合适的行为,导致全部实验数据遭到破坏时,被试对自身行为的记忆发生了改变,即承认自己在实验过程中的确做出了不合适的行为。他们一方面表现出对实际上并未做过的行为的细节的虚构,另一方面又为此行为而感到内疚。该研究的结果表明在错误记忆的形成中,社会压力具有一定作用,同时又向研究者们提出一个很重要的问题,即何种人格特质的人容易犯这种类型的记忆错误。后来的许多研究表明,这与被试的易感性(susceptibility),即对误导信息的感受性有关。

Laney和Takarangi(2013)采用简单的错误反馈程序,向被试植入了有关实施攻击性行为(如将人打出黑眼圈或传播流言)或成为受害者(如被打出黑眼圈)的错误记忆,然后将其错误记忆与未被植入错误信息的被试的正确记忆进行比较。结果发现,错误的攻击性记忆很容易被植入,特别是对于那些有攻击倾向的人而言,而且一旦错误记忆被植入,便很难与真实记忆区分开。

上述研究均向我们揭示了外在的干扰性信息对人们记忆的影响,这种错误记忆效应产生自外部加工,而非单纯的内部加工过程。这构成了另外一种类型的错误记忆。对产生自外部加工过程的错误记忆的研究对心理学、法律等诸多领域都有重要的应用意义。目击证人的证词是否可靠?作为陪审团成员的普通人在判断目击证人证词方面是否准确?童年期的创伤性经历是否因压抑而无法提取?心理治疗师帮助病人"恢复"的早期创伤性经历是否是真正经历过的事件?在回答所有这些问题之前,必须考虑到的关键前提是，人们的记忆很可能或者说很容易因受到外界的干扰性暗示的影响而发生改变。

1.3.3 两种类型错误记忆的关系

对于产生自内部加工的错误记忆，人们自己的思想或者联想使他们错误地记住了过去的事件，而对于产生自外部加工的错误记忆，则主要来自其他人的明显暗示或者误导性描述。那么，这两种错误记忆是否真的有很大的不同？

在对 DRM 范式和误导信息干扰范式这两个分别用以研究上述两种产生自不同过程的错误记忆的典型范式之间进行比较发现，除了错误记忆的产生来源不同，两个研究范式之间还有一个重要的区别是：DRM 范式引发的是对学习词表中单词的错误记忆，而误导信息干扰范式引发的是对复杂持续事件的错误记忆。相对而言，单词通常不具有情感和社会背景，而事件却包含了社会依从等因素。尽管 Roediger 和 McDermott(1995)曾指出，既然回忆单词是一个记忆事件，那么也许在回忆真实事件时也会发生相同的机制。但是并不是所有的研究者都相信，传统的实验研究范式将人们对单词和事件的错误记忆真正联系在了一起。这就使许多研究者认为两种错误记忆背后的机制甚至都不尽相同。

Ghetti 等(2002)指出，在 Kassin 和 Kiechel(1996)的研究中存在的社会依从和一些紧张性刺激使得该范式下的错误记忆与其他类型的错误记忆有所不同。Loftus(1997)则认为，诸如社会依从和需要等外部因素对真实世界中记忆的形成有影响。很明显，这些因素对误导信息干扰范式的影响要明显大于对 DRM 范式的影响，尤其是对于易感性而言，它与误导信息干扰范式的联系可能比其与 DRM 范式的联系要紧密得多。这就意味着在易感性上存在着不同的个体因素，它们影响着与误导信息干扰范式的关系。相比之下，探讨个体差异对 DRM 范式中错误记忆影响的研究要少得多，而且

错误记忆

多集中于考察不同类型被试(如老化、遗忘症、精神分裂症、早老性痴呆等)在错误记忆上的差别,但对同一类型被试(如年轻成人)在错误记忆产生可能上的个体差异的研究却很少(Winograd, Peluso, & Glover, 1998; Watson, Bunting, Poole, & Conway, 2005)。一些因素对上述两种范式下的错误记忆的影响存在差别,这似乎表明了在这两类范式所揭示的错误记忆之间存在着不同的认知机制。但这些仅仅处于一种假设阶段,还有待于进一步的研究去证实。有关该问题的回答,我们将在第四章中具体地阐述。

不管怎样,DRM 范式与误导信息干扰范式下所揭示的这两种类型的错误记忆,都反映了人类记忆的建构特征。通常情况下,记忆的这种改变是无害的,它一方面可以使人们的记忆变得更合理化,另一方面又可能帮助人们"压抑"不愉快的经历。在这个意义上可以说,记忆的建构是一种适应的机制。只有在法庭上,当目击证人的证词可能决定被告的命运时,记忆的重新建构才变得至关重要,此时就需要剥离掉想象、推论、猜想等成分,还原记忆以本来面目。

上述两种主要范式使得当代心理学对错误记忆现象所进行的研究一直沿着两条主要路线而展开。Loftus 等的误导信息干扰范式考察的是外部信息对记忆的影响,并为包括法律和心理治疗等在内的许多应用领域提供了实证依据。Roediger 和 McDermott 的 DRM 词表学习范式则关注的是内部联想过程对记忆的作用,在严格的实验室控制条件下,同样揭示了强大的错误记忆效应。采用这两种研究范式所开展的研究构成了目前错误记忆研究中的两个相对独立的领域。尽管研究者对于这两种类型错误记忆的机制是否相同尚存争论,但正所谓殊途同归,对任何一种范式所进行的深入研究都必将对揭示错误记忆的本质有巨大的推进作用。

第二章
错误记忆的研究范式

记忆一次又一次让我感到惊讶:它总会有惊人的轻信,自发地去接受暗示并对过去的隐秘角落进行填充,在没有任何提示的情况下放弃记忆中旧的不完善的部分去换来一个闪亮的新部分以使每件事都变得更鲜亮,看起来更纯净和令人满意。

——Elizabeth F. Loftus & Katherine Ketcham

错误记忆

随着错误记忆成为记忆心理学的研究热点，越来越多的研究者认为错误记忆中包含了许多关于人类记忆本质的重要信息，而对错误的分析则有助于人们理解潜在的记忆过程。于是，和研究真实记忆一样，研究者们尝试找到合适的科学研究方法或程序以在实验室情境中引发错误记忆，进而探讨和揭示人类记忆中的另一个侧面——错误记忆的本质和规律。

目前为止，用于研究错误记忆的研究范式主要有误导信息干扰范式、DRM 范式、想象膨胀范式（imagination inflation paradigm），以及 KK 范式、类别联想研究范式（category associate paradigm）、无意识知觉范式等。所有这些研究范式可以归为两大类，误导信息干扰范式和 KK 范式考察的是人们的记忆如何因外在因素（如误导信息、社会压力）的影响而发生改变；DRM 范式、想象膨胀范式等则主要考察的是在没有外在干扰的情况下，记忆如何因内在过程而自发地发生变化。它们的共同之处在于均能够较成功地在实验室情境中引发错误记忆，使科学地研究错误记忆的本质和规律成为可能。

2.1 误导信息干扰范式

人们对事件的回忆并不是准确地再现，而是一种对实际发生事件的重构，人们会用新信息和已有信息去填补在回忆某种经历或某事件时所出现的遗漏，而最终导致记忆发生调整和改变。如第一章中所述，Loftus 的早期系列研究均发现，事后提供的误导性信息或者提问时的措辞方式会影响一个人对事件的记忆（Loftus & Palmer, 1974; Lofus, 1975）。该现象后来被称为误导信息效应（misinformation effect），是指由于受到误导信息的干扰，人们对事件的报告会发生改变而偏离事件的原貌。在过去的 40 余年里，研究者们对误导信息效应进行了大量的研究，以揭示事后误导信息是如何对

第二章 错误记忆的研究范式

记忆的准确性产生影响的。

在对误导信息效应进行研究的过程中,研究者们通常会选择使用误导信息干扰范式。该范式是由 Loftus 及其研究团队所设计,一般为标准的三阶段程序(见图 2-1):首先,让被试观看关于某些事件的录像片段;随后,向其中部分被试提供含有误导信息的关于上述事件的其他描述或问题;最后,要求被试记住最初的事件,并根据记忆回答一些问题。最终研究者会对被试回答的准确性和自信水平进行分析。通常的结果是,误导信息提供组的被试对事件的记忆要比控制条件下差,而且该效应受很多因素的影响。

图 2-1 误导信息干扰范式流程示意图

在误导信息干扰范式中,向被试呈现的通常为模拟的日常生活事件,如 Loftus 等的研究中所使用的交通事故短片。结果发现,在接受过误导信息问题的干扰后,人们会错误地记得本不存在的碎玻璃,或者错误地将让车标志记为停车标志,甚至会"记得"诸如谷仓之类在事故现场并没有出现过的大型事物。也有研究使用现实生活中真实发生的事件,如 Nourkova 等(2004)的研究便是在俄罗斯发生的恐怖袭击场景中植入了实际上并未出现过的受伤的动物。无论是使用模拟事件还是真实事件的研究都发现,通过呈现误导信息,可以在人们的记忆中植入错误的细节。误导信息可以让人们错误地将暗示给他们的细节当作自己看到过的,而且还可以使人们产生丰富的错误记忆。一旦受到了误导,人们会对自己的错误记忆充满自信。

大量的研究结果告诉我们,误导信息确实导致了人们对过去经历过的事件的错误记忆,那么,该如何对这种错误记忆进行解释呢?其中,一种观点认为,误导信息似乎可以损坏最初的记忆,这种记忆损坏(memory impairment)既可能是记忆痕迹的衰退,也可能是记忆的内在匮乏,这些都会使人们将误导信息接受为过去经历中的一部分(Loftus & Hoffman, 1989)。另一种观点则认为干扰来自对来源的错误归因(source misattribution),由于人们无法将后来的事件与最初的事件区分开来,因而将后来的事件认定为信息的真实来源(Lindsay & Johnson, 1987)。Belli(1989)指出这两种观点存在的一个共同之处是均认为误导信息妨碍了对最初事件的记忆能力,于是其在整合上述两种观点的基础上提出了误导信息干扰假设(misinformation interference hypotheses),他认为关键在于出现了一些误导信息的干扰,而并不是单纯的记忆损坏、来源错误归因或二者共同所致。此外,还有研究者从来源监测的角度对误导信息效应进行了解释(Frost, Ingraham, & Wilson, 2002)。

误导信息干扰范式在错误记忆研究中占有十分重要的地位。研究者们使用误导信息干扰范式进行的大量研究,系统地揭示了伴随最初事件之后的一些误导信息对改变人们关于某事件的记忆的作用(如 Loftus & Hoffman, 1989; Loftus, 1993; Loftus & Pickerell, 1995; Mitchell & Zaragoza, 1996; Nourkova, Bernstein, & Loftus, 2004; Zhu et al., 2012; Van Damme & Smets, 2014),这些研究的结果对包括记忆研究和法律研究在内的很多领域均产生了重大的影响。

2.2 DRM 范式

人们在对词表进行学习的过程中会产生错误记忆,这在 Underwood(1965)的研究中就有所提及。Underwood 对被试进行了连续的再认测验,让他们判断每个呈现的单词是否属于先前学习过的词表。当被试面对的是一个与先前学过的词有联想关系的词时(如:"桌子"为学过的词,被试需要

第二章 错误记忆的研究范式

判断"椅子"是否学过),他们更容易对该词产生虚报(如:认为"椅子"是学过的);而当测验词与先前学过的词之间没有联想关系时,对测验词的虚报率会降低。后来的许多研究发现,这种错误再认效应尽管有时很小甚至并不存在,但还是能够复制的,而且该效应会随着先前呈现的与测验词有语义关联的词的数量的增加而增加。

除错误再认研究之外,Deese(1959a,1959b)最先使用词表学习范式报告了强大的错误回忆效应。Deese(1959a)在研究中,向被试呈现由 15 个单词组成的词表,词表中的一些项目与同一词表中的其他项目之间具有很高的语义关联程度,另一些则没有。在后来的自由回忆任务中,Deese 观察到,对词表中项目正确回忆的可能性与该项目和其他项目的语义关联程度密切相关,他还发现犯干扰性错误(即不正确地回忆出词表中未呈现过的项目)的可能性与该项目和词表中真实呈现过的项目的关联性密切相关。为进一步考察这个效应,Deese(1959b)向被试呈现了由 12 个单词组成的词表,词表中所有的项目都与一个特定的未呈现过的词存在语义联想。结果在后来的自由回忆测验中,有 42% 的被试错误地回忆出了那些未呈现过的词,而且对于其中一些词表,错误回忆率非常高。

Roediger 和 McDermott(1995)使用相似的词表学习范式将这种干扰性错误作为他们的研究焦点进行了考察。如第一章中所述,他们在系列实验中向被试呈现多张由 12 个词或 15 个词组成的词表,词表中的所有项目均与某个最高关联词(后来被称为关键诱饵)存在语义联想,但这些高关联词在学习阶段并不呈现。结果发现,在后来的回忆或再认测验中,被试都会有很高的几率错误地报告了这些高关联词,并伴随较高程度的自信。继他们之后的许多研究都证实了这个发现(McDermott, 1996; McDermott & Roediger, 1998; McEvy, Nelson, & Komatsu, 1999; Read, 1996; Schacter, Verfaellie, & Pradre, 1996)。

错误记忆

Roediger 和 McDermott 的研究是对 Deese 的工作的系统拓展,他们改进了 Deese(1959b)所使用的研究程序,将学习—自由回忆扩展为学习—回忆—再认,并最终形成了 DRM 范式。标准的 DRM 范式由学习和测验两个阶段构成:在学习阶段,向被试依次呈现由不同数量单词组成的词表,每张词表内的学习项目(如冬天、冰雪、霜冻、感冒、发抖等)均与一个关键诱饵(如寒冷)存在语义关联,且按照与关键诱饵的关联程度从高到低排列,关键诱饵在学习阶段并不出现。词表学习完毕后,对被试的记忆情况进行回忆测验或(和)再认测验。若采用学习—回忆程序,则在学习完每张词表后便要求被试对刚刚学习过的词表项目进行回忆;若采用学习—再认程序,则在学习完所有词表后对被试进行再认测验(见图 2-2),再认测验由学过项目、关键诱饵和未学过的无关项目组成。最后,研究者对被试在回忆测验或再认测验中的成绩进行分析,分别计算被试对学过项目的正确回忆率或正确再认率,以及对未学过的关键诱饵或无关项目的错误回忆率或错误再认率(即虚报率),进而探讨对关键诱饵的错误记忆的产生条件及其特点、机制。

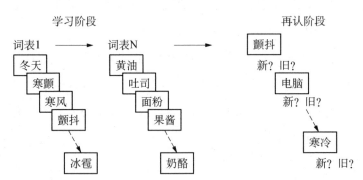

图 2-2 DRM 范式标准程序(学习—再认)流程示意图

在该范式中,由于词表中每个学习项目均与一个未呈现过的关键诱饵存在语义关联,因此 DRM 范式也被称为集中联想研究范式(converging associate paradigm)。最初的 DRM 范式中包括 24 张词表,后来 Stadler、McDermott 和 Roediger(1999)将其扩展为 36 张词表。周楚(2005)基于相同的词表编制原则对 Stadler 等(1999)的 36 张词表进行了相应修订,最终形成了中文 DRM 词表(见表 2-1)。

表 2-1 中文 DRM 词表示例

睡觉	甜的	山脉	医生	寒冷	生气	椅子	汽车	柔软	面包
犯困	糖果	起伏	诊所	冬天	激怒	桌子	车库	硬的	黄油
休息	糖水	陡峭	听诊器	寒颤	愤慨	凳子	驾驶	丝绸	吐司
困倦	白糖	攀登	护士	寒风	大怒	坐下	公路	枕头	面粉
打鼾	奶糖	险峻	外科	颤抖	狂怒	垫子	奔驰	绒毛	果酱
打盹	蜂蜜	顶峰	医师	结冰	怒火	书桌	轿车	棉花	早餐
做梦	冰糖	丘陵	处方	霜冻	愤怒	座位	修车厂	轻柔	奶油
呵欠	苦的	山岗	诊断	气候	暴怒	板凳	货车	坚硬	牛奶
醒来	酸的	高峰	治疗	下雪	讨厌	座垫	车厢	软弱	热狗
疲倦	巧克力	雄伟	患者	天气	脾气	凳腿	驾驶员	触摸	食物
瞌睡	蛋糕	壮观	生病	暖和	争论	长椅	卡车	蓬松	早点
美梦	蛀牙	山坡	医学	炎热	疯狂	沙发	火车	舒服	麦子
叫醒	甜蜜	登山	医院	冰雹	快乐	木头	钥匙	皮肤	奶酪

(采自周楚,2005)

近年来研究者们采用 DRM 范式及其多种变式,并控制各种不同的实验变量进行考察,结果发现,错误记忆受到词表容量(Robinson & Roediger,1997)、呈现方式(McDermott,1996)、间隔时间(Payne, Elie, Blackwell, & Neuschatz, 1996)、测验效应(Roediger & McDermott, 1995)、重复学习(McDermott, 1996; Robinson & Roediger, 1997)、预警提示(McDermott & Roediger, 1998)、年龄(Norman & Schacter, 1997)、遗忘症(Schacter, Verfaellie, & Pradere, 1996)等多种因素的影响。

在 DRM 范式中所观察到的高比率的错误回忆和错误再认是引人注意

错误记忆

的,因为它们是发生在更强调准确反应的实验室条件下:简单的词表材料、要求尽量避免猜测的自由回忆测验、很短的保持时间,和帮助被试将注意集中在真实判断上的元记忆判断(如:记得/知道判断)。这种强大的错误记忆效应发人深思。可以说,DRM 范式创立的最大意义在于,它以一种简单而精巧的方式使在实验室的严格控制条件下引发和研究错误记忆成为可能。

尽管与其他研究范式相比,DRM 范式因来自实验室研究而更具有人工的特点,但 Roediger 和 McDermott(2000)仍然相信使用 DRM 范式所捕捉到的错误记忆现象能够揭示日常生活中普遍发生的干扰过程。词表中的单词与其他词之间存在语义关联,这同样可以视为一种干扰过程,而且产生错误记忆的项目是从词表中的项目推论而来,或者说是通过联想过程产生的。Roediger 和 McDermott(1995)的研究使因联想过程而导致的错误回忆和错误再认成为错误记忆研究领域内的一个新的重要主题。

2.3 想象膨胀范式

Garry、Manning、Loftus 和 Sherman(1996)的研究考察了人们对童年生活事件的记忆如何因想象过程而发生改变。在该研究中,先要求被试填写一份由 40 个项目组成的《童年生活事件调查表》(*Life Events Inventory*,LEI),让其对列表上的事件在 10 岁之前发生的可能性进行 1—8 点评分(1 为肯定不可能发生,8 为肯定发生)。例如,回忆自己在 10 岁之前有没有在停车场发现一张 10 美元的钞票、是否曾拨打紧急电话 911 等。两周后,选择其中 8 个在先前评分中较低的事件(见表 2-2),要求被试对其中一半的目标事件场景进行想象(另一半不进行想象)。最后,让被试重新填写 LEI 量表,判断列表上事件发生的可能性,但并不特别指明是否要完全参照第一次的评分来填写。该研究结果发现,对想象过的目标事件发生可能性的评分会显著高于第一次,也就是说想象过程让被试认为同一事件发生的可能性增加。

表2-2 Garry等(1996)的实验中所使用的目标事件

事件	M	SD	Mdn	Range	Percentage 1—4*
拨打紧急电话911	1.97	2.27	1.0	7	87
深夜被送去急诊室	4.58	2.95	5.0	7	45
在停车场捡到10美元	2.47	2.20	1.0	7	79
在嘉年华赢得毛绒玩具	3.84	2.49	3.5	7	55
给某人理发	2.66	2.22	1.0	7	76
被救生员从水中救起	2.18	2.04	1.0	7	84
卡在树上需要人帮助才能下来	1.87	1.93	1.0	7	92
用手打破了窗户	2.13	2.03	1.0	7	89
总计	2.71	2.44	1.0	7	76

*1—4意味着该事件不太可能发生。(采自Garry, Manning, Loftus, & Sherman, 1996)

Garry等将这种由于想象而导致的认为事件发生可能性增加的现象称为想象膨胀效应(imagin inflation effect),并指出会出现该现象的原因可能有三:其一,重复效应,即当被试再次填写LEI量表时,是基于事件的熟悉性作出的评分,而想象过的事件由于有更强的熟悉性,因此被试会认为其发生的可能性更大。其二,对事件的重新解释,即与第一次LEI量表测量相比,第二次填写LEI量表时,对于想象过的事件,由于被试曾设想过自己是该事件主人公的场景,因此会夸大对此类事件发生过的自信心。其三,记忆增强,即由于前后两次LEI量表测量和期间的想象过程,让被试有多次机会对目标事件进行思考,进而导致想象膨胀现象的发生。想象膨胀效应揭示了单纯地让人们想象某件并未经历过的事件,便可提高他们认为该事件确实发生过的自信程度,进而可能改变他们对事件的记忆,使他们产生想象膨

错误记忆

胀错误记忆。

　　Garry 等(1996)所采用的研究方法后来被称为想象膨胀范式。标准的想象膨胀范式通常分为三个阶段(见图 2-3):第一阶段,先要求被试填写一份 LEI 量表,对量表上事件发生的可能性进行评分。第二阶段,两周后,要求被试对其中的部分目标事件场景进行想象。第三阶段,要求被试重新填写 LEI 量表。然后,研究者通过比较被试对想象事件发生的可能性评分在前后两次施测中的变化,来分析想象膨胀效应。在标准想象膨胀范式的基础上,研究者们还发展出了很多变式来考察人们对动作记忆的想象膨胀效应,包括想象自己做了各种动作(Thomas & Loftus, 2002)、想象他人做出动作(Lindner & Echterhoff, 2015)或者观察他人做动作(Lindner, Schain, & Echterhoff, 2016)等条件下,都可以发现想象膨胀现象,即被试会将先前仅想象过或完全没有呈现过的动作认成是自己做过的,说明想象过程也可以改变人们对自身动作的记忆。

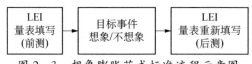

图 2-3　想象膨胀范式标准流程示意图

　　想象环节的细节数量会对想象膨胀效应有重要的影响。Thomas 和 Loftus(2002),以及 Thomas、Bulevich 和 Loftus(2003)的系列研究发现,如果在实验操作中要求被试增加想象的细节,或者进行重复想象,会产生更显著的想象膨胀效应。Von Glahn、Otani、Migita、Langford 和 Hillard (2012)通过操纵被试想象细节的数量,分别让被试针对事件想象零个和多个细节,结果发现想象零个细节的事件不能引发想象膨胀效应。想象程度也会影响想象膨胀效应。有研究中让被试进行两种不同程度的想象,一种为简单想象脚本,一种为感觉导向想象脚本,结果发现使用感觉导向脚本进行想象的被试比简单想象或不想象的被试更可能声称他们做过某些实际上并未做过的动作(如亲吻青蛙)。

想象膨胀范式中所使用的实验材料源于日常生活,极大地推动了日益增加的日常生活错误记忆研究,在法律、教育、商业等领域均有很高的应用价值(李林,郭晓蓉,杨靖,2005)。

2.4 其他研究范式

除前面所述的三种主要研究范式外,基于前述范式的原理,研究者们还发展出了一些类似的研究范式用以考察错误记忆的特征及其机制。其中包括：Kassin-Kiechel 研究范式、类别联想研究范式、无意识知觉范式(也称 Jacoby-Whitehouse 范式)等。

2.4.1 Kassin-Kiechel 研究范式

继误导信息干扰范式揭示了误导信息可以改变人们对观察到的事件的记忆之后,Kassin 和 Kiechel(1996)提出了另一个问题：人们对自己的行为的记忆是否也会受外在影响而发生类似的改变呢？为此,他们使用了一种新的实验室范式对这个问题进行了研究,考察了社会依从在对特定事件产生错误记忆过程中的作用。

该研究范式的具体程序为：首先,告知被试需要在计算机上完成一个反应时任务,即让他们将听到的字母在计算机上打出来,但同时特别警告他们不要按键盘上的 ALT 键,因为这样做会导致计算机程序终止和数据丢失。随后,在被试打字一段时间后,计算机发出爆炸声(这是实验设计中的一部分)。沮丧的实验者会告诉被试是因为他们按了 ALT 键而导致数据全部被破坏。对于一半的被试,告诉他们在程序出问题之前有人(主试同盟)

错误记忆

看到他们按了 ALT 键(即存在假目击者);对于另一半被试,主试同盟回答没有看到(即无目击者)。研究结果发现,当被试被指责说看到他们按了 ALT 键时,他们更可能承认自己的确做了这件事,而且感到很内疚,并能虚构出该事件的细节来。也就是说导致了对刚发生事件的错误记忆。

该实验中的两个重要变量为内疚的内在化(internalization)和细节的虚构(confabulation),这两个变量表明被试不仅仅顺从了实验者的指责而承认自己按过 ALT 键,还能够形成关于此事件的错误记忆。该研究结果揭示:社会依从对于人们是否承认其做过某事而言是一个重要的因素;被试对细节的虚构表明他们的记忆被改变了;在错误记忆的形成中,社会压力具有一定作用(这是在前面几种范式中过没有考察过的机制)。我们将 Kassin 和 Kiechel(1996)在研究中所使用的方法称为 Kassin-Kiechel 范式(简称 KK 范式)。

尽管 KK 范式与误导信息干扰范式一样都是考察了人们对事件的错误记忆现象,而且两者均通过向被试提供一定的外在干扰而使其对特定事件(甚至是自身行为)的记忆发生了改变,但研究者们对于 KK 范式所创设情境下产生的错误记忆背后的认知机制给出了另外一些解释。Kassin 和 Kiechel(1996)认为是社会依从使被试承认自己按过 ALT 键并最终变成了错误的记忆,社会依从在该范式中可以被操作性地定义为表现出对实验者的依从行为。而使依从转变成为错误记忆的机制可能是认知不协调(Festinger,1957)或自我知觉(Bem,1967),这些机制促使被试相信自己做过某事。除此以外,也可以用来源监测(Johnson,1993)来解释 KK 范式中的错误记忆,一旦被试承认自己按过 ALT 键,他们后来就会相信他们真的按过,因为他们不能记得这个信息的来源究竟是依从地说他们按过 ALT 键还是自己确实按过。而究竟是何种认知机制使被试相信自己真的按过 ALT 键,可能 Kassin 和 Kiechel(1996)最初给出的社会依从的解释就是其背后的机制。此外,KK 范式还向研究者提出一个问题:何种人格特质的人容易发生这类错误记忆?一些研究表明,在 KK 范式中被试所作出的行为与被试的易受暗示性有关,易受暗示性是指人们对误导信息的感受性(Gudjonsson,1984),其中还可能包含了分离(disassociation)、默许(acquiescence)和依从(compliance)三种重要成分。换句话说,易受暗示性是除了社会依从和来源监测以外另一种可能的对 KK 范式中错误记忆的解释(Beidas,2002)。当然,来源监测和易受暗示性也同样适用于解释误导信息干扰范式中的错误记忆现象。

2.4.2 类别联想研究范式

在连续再认任务中使用语义相关,或在回忆或再认任务中使用集中联想并不是词表学习范式中用于研究错误记忆的唯一方式。与语义或集中联想研究范式(即 DRM 范式)相对应的另一个程序是类别联想研究范式。Hintzman(1988)向被试呈现一个由熟悉名词组成的词表,词表中的名词可分为 48 个语义类别(如服装、人名、鼠类等),每个类别中包含多个样例(如服装类别中可包含夹克、衬衫、外套、毛衣、女式衬衫、裙子)。48 个语义类别又被分成 4 个子集,每个子集中样例出现的频次分别为 0、1、3 和 5,代表了学习词表中每个类别的样例数量。也就是说,有 12 个类别中不包含样例,12 个类别中仅包含 1 个样例,12 个类别中包含 3 个样例,12 个类别中包含 5 个样例,这样总计 108 个项目,再加上 92 个无关的填充名词,最终组成了由 200 个名词构成的学习词表。词表中所有名词的呈现位置均随机,且同一个类别的两个样例不会连续呈现。被试学习完该词表后,将进行再认测验。在再认测验中,每次呈现一个类别中的两个词,对于样例出现频次为 0 的类别,两个词都为新词;对于样例出现频次为 1、3 和 5 的类别,两个词中有一个为旧词。结果发现,被试对于学过样例的正确再认要高于对未学过的相关样例的错误再认,但正确和错误再认均随着学习过程中同一类别样例数量的增加而增加。

Seamon 等(2000)也采用了类别联想研究范式,在其研究中将同一类别中的各个样例按照从高频到低频排列,同时考察了被试对图片和单词的错误记忆,结果发现被试对高频样例的错误再认要高于低频样例。使用类别联想范式所进行的研究结果表明,无论是文字还是图片形式的学习,当被试在学习过程中看到一个类别的多个样例后,都可以错误地再认出未呈现过的类别样例。这种类别联想范式也引发了大量的实验研究。

无论是集中联想还是类别联想研究范式,其中都暗含着一个共同的前提逻辑,即人们对事件的记忆是存在关联的,如果两个事件之间存在语义相关或联想,那么加工一个事件的同时就会激活另一个事件。也就是说,在联想研究范式中的一个重要因素即为关联性,它是能够成功引发出错误记忆的关键变量。基于这样一种前提逻辑,在联想研究范式中,通常向被试呈现的是具有语义相关或某种联想的词或图片,它们要么共同与一个未呈现过的关键诱饵之间发生关联(DRM 范式),要么同属于某一类别而共同与该类别中其他未呈现过的样例之间存在关联(类别联想范式)。

2.4.3 无意识知觉范式

Jacoby 和 Whitehouse(1989)使用特定的实验程序观察到了在无意识知觉影响下发生的错误再认现象。在实验中,他们先向被试呈现由一系列单词组成的学习词表,并告之随后将进行再认测验让其判断每个测验词是否先前在词表中呈现过。在词表再认测验阶段,每个测验词呈现之前先以短暂的时间闪现一个背景词,并在视觉上对它进行掩蔽以防止被试看到。背景词与测验词之间的关系有三种:①匹配,即背景词与测验词完全相同;②不匹配,即背景词与测验词完全不同;③基线,即没有背景词。此外还区分了两种呈现时间条件：有意识知觉和无意识知觉条件。最后，记录被试在不同实验条件下的反应指标。结果发现，背景词对测验词的影响依赖于背景词的呈现时间长短，当背景词的呈现时间较短时，一个没学过的测验词在匹配背景下比在不匹配背景下更有可能被给出"旧的"反应；而当背景词呈现时间较长时，则出现相反的效应。也就是说，无意识知觉影响了再认记忆判断。这种现象后来被称为Jacoby-Whitehouse效应，在这里我们将这种使用无意识知觉来探讨错误记忆的研究程序称为无意识知觉研究范式（也可称Jacoby-Whitehouse范式）。

Jacoby等人（1989）认为，在无意识知觉研究范式中，错误再认的可能性与被试有没有注意到背景词有关，换句话说，无意识知觉是错误再认的重要前提。他们认为无意识知觉能够影响熟悉感，而错误再认效应则可以解释为无意识提取和归因过程共同作用的结果。

他们将熟悉感与加工流畅性联系起来，认为熟悉感来自对过去经验加工流畅性的归因或推论，流畅性启发式是熟悉感的基础。在流畅性启发式中，如果一个项目很容易进入头脑中，也就是加工得很流畅的话，那么它看起来似乎就熟悉一些。这意味着与基线条件相比，那些易化了对测验项目加工的因素会使被试对测验项目产生熟悉感，而那些阻碍了对测验项目加工的因素会使被试对测验项目缺乏熟悉感甚至产生陌生感。熟悉感的产生与否则取决于归因过程。在对背景词的无意识知觉条件下，当背景词与测验词相匹配时，测验词的加工得到了促进，加工的流畅性提高，唤起了熟悉感，被试会倾向于将对测验词的这种熟悉感归因于过去经验而最终导致错误再认。而在意识知觉条件下，当背景词与测验词相匹配时，被试更不愿意将测验词判断为旧，即他们会将测验词的熟悉性归因为其作为背景词呈现过，而不是归因为其在学习阶段呈现过。由于归因过程的完全不同，导致意识与无意识两种操纵对错误再认可能性的影响正好相反。

错误记忆

换句话说,对背景词的无意识知觉能够影响对后来呈现的测验词的加工,对这些加工的归因导致了熟悉感。这样,当对测验词的加工与对背景词的加工整合在了一起,或者对测验词的加工是处于对背景词的无意识加工的情境下时,就会产生错误再认,更确切地说,是对背景词的无意识加工影响了对测验词的再认。

无意识知觉范式得到了许多研究者的认可,并引发了大量的实验研究(Joordens & Merikle, 1992; Merikle, Joordens, & Stolz, 1995; Merikle & Joordens, 1997;耿海燕,朱滢,李云峰,2001),这些研究集中探讨了无意识知觉的产生条件。但也有研究对之提出了反驳,置疑的焦点在于,短暂刺激是否一定是阈下的或无意识的才能产生 Jacoby-Whitehouse 效应。

2.5 不同范式的比较分析

在 DRM 范式、想象膨胀范式和无意识知觉范式中引发的是由内在联想过程引发的错误记忆;而误导信息干扰范式和 KK 范式中所引发的是由外在干扰过程引发的错误记忆。而且,在上述范式中,有的是以单词为实验材料,有的是以生活事件为实验材料。单词通常不具有情感和社会背景,而事件却包含了情绪情感和社会背景等多种因素在内,这使许多研究者认为不同范式中错误记忆的机制可能是不同的。如第一章中所述,Ghetti 等(2002)指出在 KK 范式中,存在社会依从和一些紧张性刺激,因而与其他错误记忆范式是不同的。Loftus(1997)也曾指出诸如社会依从和需要等外部因素对这类真实世界中记忆的形成有影响。这些因素对误导信息干扰范式和 KK 范式的影响要明显大于对 DRM 范式等的影响,尤其是对于易受暗示性而言,它与 KK 范式或误导信息干扰范式的联系比其与 DRM 范式等的联系要紧密得多。这就意味着在易受暗示性上存在着不同的个体因素,它们影响着与 KK 范式或误导信息干扰范式的关系。

对于以考察对单词的错误记忆为目的的研究范式而言,长期以来存在的一个重要争论是,此类错误记忆与心理—法律之间是否存在关系。Roediger 和 Mcdermott(1995)曾指出既然回忆单词是一个记忆事件,那么也许在回忆真实事件时也会发生相同的机制,但是并不是所有的研究者都认同这一点。仍有一些研究者认为人们对单词和事件的错误记忆是不同的,只是现有的研究还没有发现究竟是何种机制可能导致这种不同。

也许有些研究者更愿意将后一类范式,尤其是 KK 范式归入社会心理学研究,而非错误记忆研究中。但在这类范式中所产生的错误记忆现象的确引发了很多研究者的兴趣,并且对于实际生活(如心理—法律研究)具有一定的现实意义。不管怎样,这些不同的实验技术使我们可以认定确实存在着不同类型的错误记忆,而且它们背后的加工机制可能不同。它们都从一定层面上揭示了错误记忆现象的本质和特征,也为我们进一步深入探讨错误记忆提供了有效的方法和手段。

第三章
错误记忆的影响因素

如果记忆应该是对原始经验的精确复制，如果是这样的话，我的描绘就毫无希望的是不准确的……但我愿意认为记忆从来就不是固定的，它也不应该是这样。我的描绘是对那个仅仅始于原始事件的动态记忆的成功描述。

——Matthew Stadler

错误记忆

自从 Roediger 和 McDermott(1995)第一次在实验室的严格控制条件下,通过简单的关联词表学习—测验程序,引发出强大的错误记忆效应以来,记忆过程中的错误现象就不再是"令人讨厌的需要方法学来矫正的事物(Roediger,1996)",而一跃成为记忆研究中的新焦点。

到目前为止,研究者们使用 DRM 范式、误导信息干扰范式等研究范式以及其多种变式,控制不同的实验变量进行考察的结果显示,错误记忆效应会受到多种因素的影响而发生改变。在记忆信息的编码、保持和提取阶段,都存在着不同的影响因素会对错误记忆效应产生作用,而且,这些因素的影响不是孤立地分别作用于编码、保持和提取的各个阶段。

3.1 影响编码阶段的因素

研究发现,对编码阶段(即学习阶段)存在影响的一些因素可以对后来的错误记忆效应产生不同的作用。其中,既包括对学习开始之前的指导语的操纵,如预警、加工水平等;也包括学习期间的一些不同的操纵,如呈现时间、呈现方式、呈现通道、分散注意和重复学习等。而在 DRM 范式中所使用的学习词表的一些关键特征更是导致错误记忆效应的重要因素。

3.1.1 学习词表的特征

DRM 词表具有一个重要的特征是:词表中所有的项目均与一个未呈现过的关键诱饵之间存在极高的语义联想或关联。可以说,语义关联性是 DRM 词表能导致错误记忆的关键。而且,这种语义关联包括两个方面,其一是项目间联想强度(interitem associative strength),即词表中的所有项目在自由联想中能产生词表中其他项目的平均相对频率;其二为负向联想强度(backward associative strength,BAS),即词表项目在自由联想测验中能产生关键诱饵的平均频率。

　　Deese(1959a,1959b)在研究中就曾指出,这两个因素是在词表学习范式中影响正确回忆和错误回忆的重要变量。他发现项目间联想强度与被试所能回忆出的词表项目的总数之间具有高度正相关($r = +.88$),也就是词表中的项目之间的联想联结越强,被试对词表的回忆就越好(Deese,1959a);而且,负向联想强度与被试对关键诱饵的回忆可能性之间呈正相关($r = +.87$),也就是说,词表项目与关键诱饵的联想联结越强,被试对关键诱饵的错误回忆率就越高(Deese,1959b)。

　　此后,Stadler、Roediger 和 McDermott(1999)在 Roediger 和 McDermott(1995)的研究中所使用的 24 张词表的基础上,发展出 36 张 15 词的标准 DRM 词表,并在研究中同时给出了与不同词表相对应的关键诱饵在测验中被错误回忆和错误再认的比率。他们发现,尽管所有的词表都能产生对关键诱饵的错误记忆,但不同词表在引发错误记忆的有效性上存在很大差别,例如被试对关键诱饵"睡觉"和"窗户"的错误回忆率超过了 61%,错误再认率甚至超过 80%,但对关键诱饵"国王"的错误回忆率仅为 10%,错误再认率为 27%。Gallo 和 Roediger(2002),以及 Brainerd、Payne、Wright 和 Reyna(2003)的研究也证实了,以同样的方式形成的关联词表在引发错误记忆的倾向上存在差异。可见,不同的学习词表对错误回忆和错误再认的影响确有不同。

　　McEvoy、Nelson 和 Komatsu(1999)第一次在实验中对 Deese(1959a,1959b)所提到的项目间联想强度和负向联想强度两个因素对错误记忆产生的影响进行了系统考察。他们发现词表项目之间的联结强度越高,正确回忆率就会越高,而错误回忆率会越低,而词表项目与关键诱饵之间的联结强度(BAS)越高,错误回忆率会越高。该研究的结果与 Deese(1959a,1959b)的相一致。由此他们得出结论,即尽管项目间联想强度与负向联想强度在

错误记忆

对关键诱饵的错误回忆上存在相反的效应,但二者都在错误记忆的产生过程中发挥着重要作用。

Roediger、Watson、McDermott 和 Gallo(2001)在一项回归分析研究中进一步考察了四个与词表项目有关的变量在对关键诱饵产生错误记忆过程中的作用,它们分别是:从关键诱饵到词表项目的联想联结强度——正向联想强度(forward associative strength,FAS)、负向联想强度(BAS)、项目间联想强度和词表的正确回忆率(即词表的回忆能力)。结果发现,负向联想强度与错误回忆和错误再认呈显著正相关,对词表的回忆能力与错误回忆和错误再认呈显著负相关,但却没有发现项目间联想强度与错误回忆或错误再认之间的显著负相关。因此他们认为,负向联想强度和对词表的回忆能力是错误回忆和错误再认的最主要的预测因素。

此外,Robinson 和 Roediger(1997)发现词表中学习项目的数量,即词表的长度对错误回忆的可能性也存在影响。他们在实验中分别使用了 3 词、6 词、9 词、12 词或 15 词词表进行考察,结果发现随着词表中学习项目数量的增加,被试对词表项目的正确回忆率下降,而对关键诱饵的错误回忆率却上升。Roediger、McDermott 和 Robinson(1998)指出,该结果说明是从词表项目到关键诱饵的总体联想强度对错误回忆的预测更为准确,而并非 Deese(1959b)所说的平均联想强度。郭秀艳、周楚和周梅花(2004),周楚、杨治良、万璐璐和谢锐(2004),以及杨治良、周楚、谢锐和万璐璐(2004)的系列研究也发现,从关键诱饵到词表项目的较高联想强度可以导致更高的错误记忆的可能性。

除了上述学习词表本身的特性对错误回忆和错误再认的可能性存在影响之外,关键诱饵的一些特征也影响着产生错误记忆的可能性。Neuschatz、Benoit 和 Payne(2003)发现,预警只会降低具有高可识别性的关键诱饵的错误再认,说明关键诱饵的可识别性,即被试在实验中对关键诱饵的识别的

第三章 错误记忆的影响因素

百分比对错误记忆的产生存在影响。而且,Roediger 等(2001)在其回归分析中还分别考察了关键诱饵的词长、词频和具体性对错误回忆和错误再认的影响,结果发现只有词长与对关键诱饵的错误回忆和错误再认之间呈显著负相关。Anaki、Faran、Ben-Shalom 和 Henik(2005)探讨了关键诱饵的熟悉性对错误记忆的影响,在他们的研究中,关键诱饵的熟悉性是由词频和主观熟悉性测量相结合而得出的,其中熟悉性等级评定较高的为高熟悉性关键诱饵。他们发现关键诱饵的熟悉性对错误记忆的影响受负向联想强度制约,只有当负向联想强度较高时,被试对低熟悉性关键诱饵的错误记忆才高于其对高熟悉性关键诱饵的错误记忆。Bauer、Olheiser、Altarriba 和 Landi(2009)的研究则发现,被试对情绪性关键诱饵(如愉快)的错误回忆率要显著地高于具体性关键诱饵(如椅子)和抽象性关键诱饵(如年龄),说明关键诱饵的类型也影响错误回忆效应。

3.1.2 预警提示

许多研究发现,预警提示可以降低 DRM 范式下的错误记忆,但预警提示的有效性是受不同的实验操纵影响的。Gallo、Roberts 和 Seamon(1997)考察了指导语对错误再认的影响,他们通过使用三种指导语将被试分为三组,第一组被试在学习和测验阶段均接受与以往研究中相同的标准指导语;第二组被试在学习阶段接受预警指导语,即事先告知有关错误记忆效应的知识并要求被试尽量在后来的测验中避免错误地再认出未学过的关键诱饵,而在测验阶段接受标准指导语;第三组被试在学习阶段接受标准指导语,而在测验阶段开始之前接受预警指导语。结果发现,在学习阶段开始之前向被试提供预警提示可以有效地降低其后来对关键诱饵的错误再认,而当预警提示仅仅出现在测验开始之前时,预警提示对降低错误再认是无效的。后来的许多研究均证实了在学习阶段开始之前提供的预警可以有效

错误记忆

地降低后来的错误记忆(Gallo, Roediger, & McDermott, 2001; McDermott & Roediger, 1998; Neuschatz, Payne, Lampinen, & Toglia, 2001; Watson, McDermott, & Balota, 2004)。

而 McCabe 和 Smith(2002)则发现无论预警指导语在学习阶段开始之前还是之后呈现,年轻被试都能够通过预警而有效地降低后来对关键诱饵的错误再认,老年被试则只能从学习阶段开始之前的预警提示中获益。这说明预警是否能够降低错误记忆效应,取决于编码信息的性质和类型,以及预警信息在测验阶段中能否被顺利提取出来。此外,Neuschatz、Benoit 和 Payne(2003)也发现,预警只降低对可识别性高的关键诱饵的错误再认,说明预警是否有效与关键诱饵的可识别性有关。

周楚(2009)采用 DRM 范式,并变化编码阶段的通道,通过两个实验探讨了预警对错误回忆和错误再认的影响。实验一采用视觉—视觉的学习—测验形式,结果发现,当词表中的学习项目以不同时长(20 ms、600 ms、2 000 ms)呈现时,有无预警对错误回忆和错误再认均没有影响,说明在视觉—视觉的呈现通道条件下,预警不能有效降低对关键诱饵的错误记忆。这与先前研究认为编码阶段的预警可以有效降低错误记忆的结论不相符,究其原因发现先前研究所揭示的预警对错误回忆的影响均是在一个共同的条件下获得的,即学习阶段词表项目是以听觉方式呈现(如 Gallo, Roberts, & Seamon, 1997; McDermott & Roediger, 1998; Neuschatz, Benoit, & Payne, 2003; Watson, McDermott, & Balota, 2004)。进一步地,实验二采用听觉—视觉的学习—测验形式,结果发现当编码阶段的通道为听觉时,预警可以有效地降低被试对关键诱饵的错误回忆与错误再认,表明预警能够有效降低错误记忆可能是受到编码阶段的通道类型的影响。

此外,也有研究考察了预警提示对误导信息干扰范式中的错误记忆效应的影响,发现如果在呈现误导干扰信息之前向被试提供预警,告知被试即将呈现的信息可能具有误导性,则可以减少误导信息对被试记忆的影响;但在误导信息呈现之后提供预警则通常不具效果,可能是因为误导信息已经被植入并改变了最初的记忆。但是,也有研究发现,在误导信息相对不宜提取(如仅呈现一遍)的条件下,如果呈现误导信息之后立即给予预警提示会帮助被试抵制误导信息;但若误导信息具有高度可通达性(如呈现多遍),则即时预警也是无效的。而且,不管预警提示是一般性的(即仅告知被试将会呈现错误的误导信息)还是特异性的(即直接提示被试有关误导信息的细节),被试对事件的回忆正确率不存在差异(Eakin, Schreiber, & Sergent-Marshall, 2003)。

上述关于预警对错误记忆的影响的研究还普遍发现,尽管提供预警可以在一些条件下有效地降低错误记忆,但却无法完全消除错误记忆,说明错误记忆是一个强大的效应(McCabe & Smith, 2002; McDermott & Roediger, 1998; Neuschatz, Benoit, & Payne, 2003)。

3.1.3 加工水平

以往对加工水平效应进行考察的众多研究尚未达成一致的结论。有的研究发现了加工水平对错误记忆的显著影响,而另一些研究则得到了关于加工水平效应的零结果。

Read(1996)在实验中操纵了三种不同的对词表项目的编码条件,考察了加工水平对错误记忆的影响。其在研究中要求被试在词表呈现阶段,要么只记忆学习项目的顺序,要么对学习项目进行保持性的复述,要么进行精细的复述。结果发现,尽管那些只对学习项目的顺序进行记忆的被试所表现出来的对关键诱饵的错误回忆率最低,但三种条件下都产生了对关键诱饵的高水平的错误回忆,而且,并没有发现保持性复述与精细复述两种不同加工水平对错误回忆的不同影响。Tussing 和 Greene(1997)操纵了三种加

错误记忆

工水平：愉悦度评定、计算字母个数和判断单词是否以元音开头，结果也没有发现加工水平对错误再认的影响。

而 Rhodes 和 Anastasi(2000)在研究中，要求被试对词表中的每个学习项目作具体性评估或者数出该词中元音字母的个数，进而对错误回忆的加工水平效应进行考察，他们发现深加工会导致更高的错误回忆率和正确回忆率，而且，即使在浅加工条件下也能够看到错误回忆的存在，说明加工水平对错误回忆存在影响。Toglia、Neuschatz 和 Goodwin(1999)的研究也发现，与非语义加工相比，语义加工可以提高对关键诱饵的错误回忆。而且，早期所进行的一些研究也都曾发现加工水平对错误回忆的效应。

对于上述在不同实验条件下所获得的关于加工水平效应的不同结果，Thapar 和 McDermott(2001)曾指出，Read(1996)以及 Tussing 和 Greene(1997)得到了零结果是由于在他们的实验中同样没有看到加工水平对正确记忆的影响，因而加工水平在其实验中的操纵是无效的，这可能是他们的实验设计中存在一定的问题所致。进一步，Thapar 和 McDermott(2001)操纵了对词表项目的三种加工水平（评估词的颜色、数出词中元音的数量和评估词的愉悦度），再次发现了加工水平对正确记忆与错误记忆的影响相似。

可见，要作出加工水平对错误记忆是否具有有效的影响的结论，需要在是否如期地获得了加工水平对正确记忆的影响的前提之下，因为这可能直接关系到加工水平这个变量在实验中是否得到了有效的操纵。

3.1.4 呈现时间

许多研究发现，呈现时间可以显著地影响对关键诱饵的错误回忆率，而且，在呈现时间从极短暂到较长的逐渐变化过程中，对关键诱饵的错误回忆率的变化方向是不同的。表现为在较快的呈现时间下错误回忆率会随着呈现时间的延长而提高，而在较慢的呈现时间下则会随着呈现时间的延长而降低(Toglia & Neuschatz, 1996; Roediger, Robinson, & Balota, 2001; McDermott & Watson, 2001)。

Toglia 和 Neuschatz(1996)发现当词表项目的呈现时间缩短(从 4 s 到 1 s)时,错误回忆的可能性从 49% 提高到 72%,说明呈现时间越短则错误回忆率越高。而 Roediger、Robinson 和 Balota(2001)则发现,当呈现时间从 20 ms、80 ms、160 ms 延长到 320 ms 时,错误回忆率与正确回忆率一样随着呈现时间的延长而显著提高。McDermott 和 Watson(2001)系统地操纵了五种呈现时间条件(20 ms、250 ms、1 000 ms、3 000 ms 和 5 000 ms),更为全面地对呈现时间所导致的错误回忆率的变化进行了考察,结果发现错误回忆率表现出倒 U 形的变化模式,即错误回忆在较快的呈现时间(20 ms 或 250 ms)下随呈现时间的延长而提高,而在较慢的呈现时间(1 000 ms 以上)下则随呈现时间的延长而降低。

对于错误再认,呈现时间的影响模式还没有得到一致的结论。Arndt 和 Hirshman(1998)发现,错误再认率会随着呈现时间的延长而发生系统的增加,但在其实验一中,最长的呈现时间(3 000 ms)条件下,错误再认率表现出轻微的下降趋势(尽管 Arndt 和 Hirshman 认为该曲线还是稳定而没有发生变化的)。Seamon、Luo 和 Gallo(1998)则在两个实验中发现了呈现时间对错误再认影响的不同模式,在采用呈现时间被试间设计的实验一中没有发现错误再认率随呈现时间(从 20 ms、250 ms 到 2 000 ms)而发生改变,但当将呈现时间由实验一中的被试间设计变为实验二中的被试内设计时,错误再认率却随着呈现时间的延长而显著降低。由于 Seamon 等(1998)的两个实验存在设计上的不同,因而无法对其结果进行直接的比较。这样,目前关于呈现时间对错误再认的影响的研究事实上还处于尚不明确的阶段。

3.1.5 呈现方式

由于在 DRM 范式中向被试呈现的都为关联词表,也就是说,词表项目之间具有语义关联,而且词表中所有项目均与一个未呈现过的关键诱饵之间具有高度语义联想,因而,与某个关键诱饵相对应的词表中若干学习项目的连续呈现,可能会导致对关键诱饵的更大的错误记忆效应。关于词表呈现方式对错误记忆的显著影响的研究恰恰证实了上述假设。

McDermott(1996)的研究发现,在学习阶段将所有项目完全随机混合在一起组成一张大的词表向被试呈现,会比将所有项目分成分别与某个关键诱饵相对应的若干小词表来进行呈现(如:床、休息、醒来等 15 个词对应着关键诱饵"睡觉",炎热、雪、温暖等 15 个词对应着关键诱饵"寒冷",依次类推)时明显地降低错误回忆。但是 McDermott 却发现,分组或随机的呈现方式对学过项目的正确回忆没有显著影响。Toglia、Neuschatz 和 Goodwin(1999)则发现分组的呈现方式提高了回忆准确性,但同时也伴随着对关键诱饵的错误回忆率的升高。当采用再认测验时也会表现出相似的结果(Mather, Henkel, & Johnson, 1997; Tussing & Greene, 1997);而且,在呈现方式并不影响正确再认时,分组呈现也可显著提升对关键诱饵的错误再认(周楚,2007)。

3.1.6 呈现通道

在 Roediger 和 McDermott(1995)第一次使用 DRM 范式对错误记忆进行的研究中,所有词表均是以听觉的方式向被试呈现的,结果发现了强大的错误记忆效应。继他们之后所开展的很多研究变换了呈现通道,将词表以视觉的方式呈现给被试,并在后来的回忆或再认测验中考察了错误记忆效应。这样,便向研究者提出了一个问题:视觉或听觉的呈现方式对关键诱饵的错误记忆是否存在不同的影响,也就是说,是否存在着通道效应影响着错误记忆效应的大小呢？事实上，许多研究发现，呈现通道对错误记忆的确存在影响，但关于这种影响效应的大小和方向还有些让人费解。

Smith和Hunt(1998)指出，当把词表的呈现通道从听觉转换为视觉时，可以有效地减少对关键诱饵的错误回忆和错误再认，其中错误回忆对呈现通道更加敏感。与此相反，在Maylor和Mo(1999)的研究中，他们分别考察了学习与测验阶段的四种不同通道组合形式，即视觉—听觉(AV)、视觉—视觉(AA)、听觉—视觉(VA)和听觉—听觉(VV)对错误再认的影响，结果却发现，视觉呈现词表所导致的错误再认要显著高于听觉呈现，学习和测验中项目的呈现通道不同所导致的错误再认也要高于二者相同的条件。而且，学习阶段词表的听觉呈现也显著提高了个体对学过项目的正确再认。

为何在上述不同研究中获得的通道效应方向完全相反呢？Maylor和Mo(1999)曾指出可能是实验设计不同所致，他们的研究采用了被试内设计，Smith和Hunt(1998)的研究采用的却是被试间设计。但是，Gallo、McDermott、Percer和Roediger(2001)使用被试内设计复制出了Smith和Hunt(1998)的结果，他们发现视觉学习呈现下的错误记忆水平较低，同时也发现当学习和测验的通道相一致时，被试对关键诱饵的错误记忆水平会越高。Gallo等据此认为，被试可以从词表的呈现通道中获得区分性信息来降低错误记忆，但这必须是在特定的条件下。Cleary和Greene(2002)同样采用被试内设计进行的研究也发现，视觉呈现词表所导致的对学过项目更多的细节加工确实可以降低错误记忆。Kellogg(2001)则认为通道效应要依赖于对用以区分真实和错误言语记忆的正字法信息的使用，因为当回忆测验的形式由书面变成口头时，通道效应就消失了。

可见，现有研究还是不足以说明视觉呈现通道对错误记忆效应具有抑制的作用，未来研究还需要继续考察哪些参数决定了通道效应的大小和方向。

错误记忆

3.1.7 分散注意

在不同实验条件下,学习阶段对词表的分散注意对后来的错误再认也存在着大小不同甚至方向相反的效应。Knott 和 Dewhurst(2007)、Dewhurst 等(2007)在两个实验中均发现,学习期间分散注意可以减少后来的错误再认,这可能是由于对词表注意程度的降低,减少了对学习项目进行关系性加工的可能性,从而减少了错误再认。Seamon、Luo 和 Gallo(1998)在其设计的两个实验中则获得了不同的结果,实验一的结果显示记忆负荷(即分散注意)有效地降低了对学过项目的击中率和对关键诱饵的错误再认,但当实验二将记忆负荷从实验一中的被试间设计变为被试内设计时,记忆负荷对正确记忆和错误记忆的影响不再存在。而何海瑛、张剑和朱滢(2001)采用被试间设计却发现随着注意水平的降低,被试对学过项目的正确再认率显著下降,但对关键诱饵的错误再认率则不受注意分散的影响。与上述研究结果恰恰相反的是,Pérez-Mata、Read 和 Diges(2002)发现学习阶段的分散注意提高了后来的错误再认率,他们认为这是分散注意降低了被试对关键诱饵的成功监测的可能性所致。

3.1.8 重复学习

学习阶段对词表的学习遍数(即重复学习)对错误记忆也存在影响。Brainerd、Reyna 和 Kneer(1995)使用听觉学习—测验程序向幼儿园和三年级儿童呈现学习词表,词表的学习遍数分为 1 遍和 3 遍两种,结果发现对于较小儿童,重复学习提高了正确和错误再认率,但对于较大儿童,重复学习只提高了正确再认率,而没有增加错误再认率,但其整体错误再认率要低于较小儿童。Tussing 和 Greene(1997)在其实验中设置了 1 遍和 3 遍的学习遍数,结果却没有发现重复学习对错误再认的影响。进一步,Tussing 和 Greene(1999)使用五个实验考察了重复学习对错误记忆的影响。在实验一和实验二中,他们发现词表呈现5遍与仅呈现1遍相比显著提高了正确再认率,但对关键诱饵的错误再认率则很低,并且不随学习遍数而发生变化;在实验三和实验四中,他们再次发现对学习项目的正确再认率随着词表呈现遍数的增加(1遍、5遍或10遍)而增加,而错误再认率很低,且不受重复学习的影响;最后在实验五中,他们将词表项目由前四个实验中的随机呈现改为分组呈现,结果发现了错误再认率随着重复学习的增加而降低,正确再认率随之而提高。由此他们得出结论,认为刺激的重复对正确再认和错误再认的影响是不同的。

Brainerd、Payne、Wright和Reyna(2003)在实验中通过对重复学习的操纵(1遍或3遍)发现,重复学习可以降低错误回忆率而提高正确回忆率。郭秀艳、周楚和周梅花(2004)在研究中让被试分别学习1遍、3遍或6遍词表,结果同样发现随着对词表学习遍数的增加,被试对关键诱饵的错误再认率显著下降,说明重复学习增加了学过项目与关键诱饵之间的区分性。Benjamin(2001)发现多次重复学习可以提高年轻和老年被试对学过项目的正确再认率,但是该变量对关键诱饵的错误再认的影响在两个年龄组被试上却发生了分离,即年轻被试可以通过重复学习有效地减少错误再认,而老年被试的错误再认却因多次重复学习而增加。Benjamin的研究结果说明重复学习对错误再认的影响会因一些因素而不同。类似地,Seamon、Luo、Schwartz、Jones、Lee和Jones(2002)在其研究中发现了重复学习与呈现时间的交互影响,表现为当呈现时间为20 ms时,正确再认和错误再认均随着词表重复遍数的增加而增加;当呈现时间为2 s时,重复学习对正确再认和错误再认的影响不再一样,表现为正确再认随着重复遍数的增加而增加,而错误再认则随着重复遍数的增加而先增加后降低。据此,他们认为重复学习的确对错误再认存在影响,而且因刺激呈现时间的不同,重复学习对正确再认和错误再认的影响可能是相似的,也可能是不同的。

错误记忆

3.2 影响保持阶段的因素

在记忆信息的保持阶段,一个主要的研究问题是,学习和测验之间的时间间隔(即保持时间间隔)是否会导致不同水平的错误回忆和错误再认,也就是说,对关键诱饵的错误记忆是否存在着与正确记忆一样的遗忘效应。

许多研究发现,对关键诱饵的错误记忆在不同的保持时间间隔下不但不会发生变化,而且有时还会表现出增加的趋势。Payne、Elie、Blackwell和 Neuschatz(1996)曾在研究中发现,对关键诱饵的错误再认率在 24 小时的保持时间间隔内没有发生变化,而相反对学过项目的正确再认率却明显下降。同样地,McDermott(1996)在其研究的实验一中发现,30 秒的保持时间对错误回忆效应不存在影响,但当学习与测验之间的时间间隔延长至 2 天时,被试对关键诱饵的错误回忆率却超过了对学过项目的正确回忆率。郭秀艳、周楚和周梅花(2004)对关键诱饵的错误再认率在 2 小时内的保持时间间隔下的变化进行了研究,同样发现错误记忆效应并没有减弱。这些研究似乎都表明错误记忆是很顽强的,它可以在一段时间间隔后保持不变,甚至在某些条件下还可能有所增长。

但是这些研究存在一个共同的问题,即均对保持时间间隔变量采用了被试内设计,也就是说被试在不同的时间间隔后接受了多次重复测验,这就使上述研究结果中混淆了一个重要变量——重复测验可能对错误记忆存在的潜在影响,因而其研究结果是否真的能如实地反映错误记忆随保持时间间隔而发生变化的规律是存在疑问的。相反,一些对保持时间间隔采用被试间设计的实验可能更能为错误记忆的遗忘规律提供有效的证据。

杨治良、周楚、万璐璐和谢锐(2006)在两个实验中使用 DRM 范式考察了学习与测验之间的较短时间间隔下(立即、半小时、1 小时)错误记忆效应的变化。实验一中的保持时间间隔为被试内设计,结果发现被试对两种关键项目(即关键诱饵和中关联词)的错误再认率均随着时间延迟的增加而提高;而在将时间变量由实验一中的被试内设计变为实验二中的被试间设计后,则发现被试对两种关键项目的错误再认随着时间而发生不同的变化,表现为对关键诱饵的错误再认率保持稳定而对中关联词的错误再认率依然有所提高。说明实验一的被试内设计中混淆了重复测验对错误记忆的影响,而当该影响被排除后,对关键诱饵的错误再认率在 1 小时内的时间间隔下是保持稳定不变的。换句话说,当消除了其他干扰因素的潜在影响后,即使是在很短暂的测验时间延迟条件下,错误记忆效应仍会保持稳定,不会随着时间间隔的延长而减弱。

Toglia、Neuschatz 和 Goodwin(1999)使用被试间设计也曾发现,在经过一星期和三星期的延迟后,对关键诱饵的错误回忆率没有降低。同样的,Brainerd、Payne、Wright 和 Reyna(2003)的实验二的结果显示,经过一个星期的时间延迟以后,正确回忆率降低而错误回忆率没有发生改变。Thapar 和 McDermott(2001)则发现,保持时间间隔对错误回忆和错误再认的影响与其对正确回忆和正确再认的影响方向相同,表现为随着时间间隔的延长,正确记忆和错误记忆都明显衰退,但正确记忆的衰退速度要更快些。Seamon 等(2002)在两个研究中也发现,在几种保持时间间隔下(立即、2 天、2 周或 2 个月),正确记忆和错误记忆随着保持时间间隔的延长而衰退,而且,在回忆测验中更容易看到错误记忆要比正确记忆保持得更好些。

上述研究的结果说明,与正确记忆相比,错误回忆和错误再认随时间而发生变化的规律尚有待进一步的探讨,错误记忆效应一旦产生,会很难衰退。

错误记忆

3.3 影响提取阶段的因素

Roediger 和 McDermott(1995)曾指出,提取过程可能导致了所观察到的错误回忆和错误再认现象。因此,测验阶段对先前词表记忆信息的提取存在影响的一些因素也会使错误记忆效应发生不同程度的改变。研究发现,测验效应、重复测验、测验情境、指向性遗忘、来源监测等因素都可能对被试对关键诱饵产生错误记忆产生不同的作用。当然,对于其中某些因素对错误记忆的潜在影响的研究才刚刚开始,尚未得出最后的结论。

3.3.1 测验效应

测验效应是指先前测验的存在会对后来测验的成绩起到增强的作用。Roediger 和 McDermott(1995)发现在 DRM 范式中,测验效应不仅对学过项目的正确记忆存在影响,而且对未呈现过的关键诱饵的错误记忆也存在相似的影响,表现为当被试在先前的回忆测验中回忆出一些词表项目和关键诱饵后,他们在后来的再认测验中同样给出这些项目的可能性会增加。Roediger、McDermott 和 Robison(1998)曾指出,测验效应对 DRM 范式中未呈现过的关键诱饵的错误记忆的影响在有些研究中得到了复制,而更多的研究中却没能发现该效应(Norman & Schacter, 1997; Payne, Elie, Blackwell, & Neuschatz, 1996)。

McDermott(1996)使用元分析考察了测验效应对 DRM 范式中错误再认的影响,发现先前的测验的确增强了后来对学过项目的再认和回忆,但对关键诱饵的影响则还无法确定。Gallo(2004)曾考察了先前的回忆测验对错误再认的影响,结果发现回忆在某些条件下是可以降低错误再认的,当一个类别词表中的所有项目都被回忆出来时,先前对词表的回忆测验便能够降低错误再认(实验一),而当词表变长后使得彻底回忆的可能性降低时,错误再认将不再受到影响(实验二)。

3.3.2 重复测验

一些研究发现,多次学习—测验所导致的重复提取对错误记忆具有一定的影响。McDermott(1996)在其实验二中考察了多次重复学习—测验对错误记忆的影响,发现尽管经过多次学习—测验后,被试对关键诱饵的错误回忆率降低,但即使在 5 次学习—测验之后他们仍然不能完全消除错误回忆。Henkel(2004)则发现,随着重复测验次数的增多,被试回忆出的项目数量增加,但其中伴随着更多的来源错误,表明重复测验会增加来源错误归因的可能性,进而提高了错误回忆效应。Watson、McDermott 和 Balota (2004)进一步发现,年轻被试能够通过多次学习—测验有效地减少对关键诱饵的错误回忆,但老年被试则因为存在自我发动的来源监测障碍而无法从重复测验中获益。这是因为一旦关键诱饵被错误回忆出来后,老年被试便更加无法分清楚该信息是来自学习阶段的呈现,还是仅仅来自测验阶段的先前的错误回忆。

3.3.3 测验情境

对测验情境影响错误记忆的研究源自认为对关键诱饵的扩散语义激活同样可以产生于测验阶段的观点,如果测验阶段也发生了对关键诱饵的激活的话,那么不同的测验情境则可能对错误记忆产生影响。在这里,测验情境是指在测验阶段中可能对关键诱饵的错误再认产生影响的一些背景因素,即再认测验中在关键诱饵之前进行测试的连续的学过项目的数量。Marsh、McDermott 和 Roediger(2004)将其称为测验引发的启动(test-induced priming,TIP),他们认为如果激活同样发生在测验阶段的话,应该

错误记忆

可以观察到测验引发的对关键诱饵的启动效应,但是,他们的假设并没有得到验证。

与之相反,周楚、杨治良、万璐璐和谢锐(2004)的研究通过两个实验,考察了DRM词表学习范式中测验情境对与学过项目关联程度不同的两类关键项目(即关键诱饵和中关联词)的错误记忆的影响,发现了测验情境对错误再认的影响。在实验一中,当关键诱饵紧跟在几个连续呈现的学过项目之后进行测验时,其错误再认率要显著高于所有项目均随机呈现条件下对关键诱饵的错误再认率,说明测验情境对错误再认存在影响。实验二通过对两种不同测验情境(关键项目之前均为学过项目或均为未学项目)的比较进一步证实了此种效应的存在。结果表明测验情境对错误记忆的产生存在一定的影响,这种作用的机制可以被解释为由测验引发的启动,即在关键项目之前呈现的项目对后来关键项目的错误再认率的影响。

该研究结果与Marsh等(2004)的研究结果存在出入的原因可能是,由于在测验情境操纵上的不同,Marsh等的再认测验中是以混合的形式呈现的各个项目,周楚等则是以分组的形式向被试呈现的再认项目,而后者使得测验情境的效应更为突出。而且,周楚等(2004)的研究的实验二中设置了由未学过的无关词组成的启动情境,这也进一步突出了由学过项目所组成的启动情境的作用,更明显地看到了测验情境效应,很好地克服了Marsh等在其研究中由于只考察了不同数量的学过项目作为启动词而得到的对关键诱饵错误记忆的天花板效应。

此后,Dewhurst等(2012)在其研究中也探讨了测验引发的启动对儿童的错误再认的影响。他们采用语义关联词表、类别词表和语音关联词表对四个年龄组(5岁、7岁、9岁和11岁)的儿童被试进行了测试,结果发现9岁和11岁儿童的错误再认会受到测验引发的启动的影响,表现为当再认测验中的关键诱饵呈现在连续四个学过项目之后时,被试的错误再认率会提高,而且在三种类型词表中都表现出该模式,这说明提取阶段的测验情境对错误记忆存在影响。

3.3.4 指向性遗忘

近期有研究考察了提取阶段的抑制对错误记忆的影响,这些研究借用了抑制机制研究中常用的指向性遗忘任务(directed forgetting task)。指向性遗忘指的是在学习中要求被试记住一些项目(to be remembered,TBR)而忘掉另一些项目(to be forgotten,TBF)后,当要求被试对所有项目进行回忆时,被试对 TBR 项目的回忆成绩要明显高于其对 TBF 项目的回忆成绩,说明提取阶段的抑制对回忆存在影响。那么,指向性遗忘是否对错误记忆也存在类似其对正确记忆的影响呢? Seamon、Luo、Shulman、Toner 和 Caglar(2002)在被试学习过一组词表后,要求一部分被试忘记那些词表,然后所有被试均继续学习下一组词表,全部学习完毕后要求所有被试尽可能多地回忆出所有学过的词表项目(包括 TBF 词表)。结果发现指向性遗忘的指导语抑制了对学过项目的正确回忆,但对未呈现过的关键诱饵的错误回忆却不存在影响,他们使用被试内和被试间设计均得到了相同的结果。但是,Kimball 和 Bjork(2002)却发现对词表的有意遗忘只降低了对学过项目的正确回忆,却使得 TBF 词表中关键诱饵的错误回忆率高于 TBR 词表,他们认为,有意遗忘可以提高或降低错误记忆,这要依赖于遗忘是否破坏了对整个事件的通达,或者对事件成分的提取的完整性。

3.3.5 来源监测

来源监测理论认为,错误记忆的产生是由于对关键诱饵的来源监测的失败(Johnson,Hashtroudi,& Lindsay,1993;Johnson & Raye,1981;Lindsay & Johnson,2000;详见第四章阐述)。在 DRM 范式中之所以会产

错误记忆

生对关键诱饵的错误记忆,是因为其与学过项目在语义上存在的高度相似性,而使得被试在后来的回忆或再认中混淆了关键诱饵与学过项目的不同来源,进而导致对关键诱饵来源的错误归因。根据该理论,提高来源监测的操纵应该可以减少错误记忆的发生。Hicks 和 Marsh(1999)将来源监测引入 DRM 范式中,考察了其对错误回忆的影响,结果发现当被试对来自内部和外部两个不同来源下的项目信息进行监测时,来源监测可以降低对关键诱饵的错误回忆(实验一和实验三),而当实验二和实验四中项目信息的来源变得不容易区分(内部—内部或外部—外部)时,来源监测对错误回忆的影响消失,这说明错误回忆的降低要依赖于多个来源的结合,尤其是各个来源之间的区分性。但是,Hicks 和 Marsh(2001)对来源监测影响错误再认的研究却发现,当测验任务为来源监测时,被试对关键诱饵的错误再认要显著高于再认测验中的错误再认,说明降低错误回忆的条件对错误再认的影响有所不同。

最后需要提到的是,对编码、保持和提取任何一个阶段存在影响的因素都不是孤立于其他阶段而发生作用,例如,影响提取阶段的因素要发挥其对错误记忆的影响效应,是离不开先前编码阶段对词表或事件的不同程度的加工的。而且,从上述研究中可以看出,这些不同的因素在对正确记忆和错误记忆的影响上多有不同。其中,一些因素对正确记忆和错误记忆的影响方向是相同的,但即使是相同的影响方向下,其影响效应的大小也可能存在区别;另一些因素对二者的影响方向相反;更有因素对二者的影响方向呈现出多种趋势。在不同实验条件下,正确记忆与错误记忆所表现出来的这些动态的变化趋势说明它们之间的关系非常密切,二者既有共变又有分离。上述对编码、保持和提取阶段的各种因素对错误记忆效应影响的探讨为揭示错误记忆的产生机制提供了有力的实验证据,更为我们深入理解人类记忆的本质创造了可能。

第四章
错误记忆的产生机制

记忆可能会忽略或"篡改"那些与我们的认知模式不相一致的信息。

——Marcia K. Johnson

错误记忆

为什么人类的记忆会存在错误？在大量研究的基础之上，研究者们提出了不同的理论模型，试图揭示错误记忆的产生机制。根据这些模型对错误记忆现象进行解释时所依赖的背后的加工机制，可以将其分为三种：基于激活的解释模型、基于监测的解释模型，以及基于激活与监测的双加工模型。其中，基于激活过程对错误记忆进行解释的模型认为，错误记忆的产生主要是来自对实际未呈现信息的不同程度的激活或者不同性质的激活；基于监测过程的解释认为，错误记忆的产生主要来自提取时的决策性判断过程或归因过程中的失误；而对错误记忆的双加工解释则将前两种模型结合在一起，认为激活过程和监测过程在错误记忆的产生中具有同等重要的作用。

4.1 基于激活的解释模型

4.1.1 内隐激活反应假设（implicit activation response hypothesis, IARH）

许多研究者最初用 Underwood（1965）的内隐激活反应假设来解释 DRM 范式中的错误记忆（Roediger & McDermott, 1995; Seamon, Luo, & Gallo, 1998; Robinson & Roediger, 1997）。

Underwood（1965）指出，在言语学习的概念图式形成过程中，会发生对言语刺激的内隐反应（implicit response），而且这些内隐反应还起着重要的媒介作用。例如，当学习包含狗、牛、马等某个类别中一些样例的词表时，所有这些样例均会产生同一个内隐反应（即动物），该词表中概念的相似性导致了干扰的产生。Underwood 区分了两种不同类型的内隐反应以对干扰的产生机制进行解释：第一种是对项目本身的知觉反应，被称为表征反应（representational response, RR）；第二种是由表征反应的刺激特性所生成的反应,被称为内隐联想反应(implicit associative response,IAR),此种内隐反应生成的项目与实际呈现过的项目之间存在关联或联想,而且,能够通过特定的内隐联想反应生成的项目与学过项目之间的联想频率或关联性是最高的。如果对生成项目的内隐联想反应与对先前呈现项目的表征反应相同,被试就会混淆内隐联想反应和表征反应,认为生成的项目是先前看到过的,也就产生了错误记忆。而且,Underwood(1965)还指出,这种内隐联想反应并非是假设的建构,从被试的角度来看是真实发生过的,因为在许多情境(如单词联想程序)中都能够明显地观察到内隐联想反应确实发生了。

根据 Underwood 的观点,当被试在学习阶段对单词进行编码时,会联想到这些单词的语义关联词。在 DRM 范式中,被试学习的是具有语义关联的词表,由于关键诱饵与学过项目之间具有最高的语义相关,便激活了对关键诱饵的表征,这是内隐联想反应的结果,并最终导致被试会在先前对关键诱饵激活的基础之上错误地回忆或再认出它们。内隐激活反应假设可以解释 DRM 范式中观察到的一些错误记忆现象并得到了实验研究的支持,但该假设的描述显得过于简单,最重要的一点是,Underwood 当时并没有对激活过程的特点进行确切的描述。该过程可能是自动发生的,被试在学习阶段并没有对关键诱饵有明确的思考,只是"暗地里"认为关键诱饵是呈现过的学习项目,还有一种可能是,被试在看到学习项目时有意识地考虑到了关键诱饵。前者代表了自动的无意识激活,后者则意味着有意识的激活。

为了探明激活过程的特点,进一步完善内隐激活反应假设,许多研究者在实验中对此进行了探讨。如果错误记忆是受自动激活过程影响的话,预警应该可以减小却不能消除错误记忆效应,而如果该过程是受有意识的控制的话,则预警会使被试能够控制他们的反应而不会错误地再认出未学过的关键诱饵。Gallo 等(1997)以及 McDermott 和 Roediger(1998)的研究结果显示,预警只能使错误记忆效应减弱但不能完全消除,从而支持了激活过

错误记忆

程是自动的无意识过程的结论。Seamon 等（1998）在研究中以三种不同的速率（20 ms、250 ms 或 2 s）向被试呈现词表，结果在所有的条件下均看到了对关键诱饵的错误再认，甚至当被试几乎无法辨认出学习项目时（即 20 ms 的呈现条件），仍然表现出了对关键诱饵的错误再认，据此 Seamon 等认为错误记忆是基于在词表呈现期间学习项目的连续快速呈现所带来的对关键诱饵的连续无意识激活所致。Seamon 等（2000）还进一步指出了内隐激活可能发生的两种途径：一种为无意识过程，关键诱饵在学习过程中突然进入人们的头脑中，人们没有觉察到它们的出现，其加工过程是无意识的；另一种为有意识过程，在关键诱饵突然进入人们头脑中时，被试觉察到了它们的存在，其加工过程是有意识的。在这两种情况下，关键诱饵均是自动进入头脑中的，其激活是自动产生的并在意识控制之外的，换句话说，对关键诱饵的错误记忆是在有意识注意控制之下的自动加工过程的产物。

至于关键诱饵在学习阶段是如何自动进入人们头脑中的，Roediger 等（1998）提出的自动扩散激活理论可以在一定程度上回答这个问题。Roediger 等将扩散激活理论（参见 Anderson，1983；Collins & Loftus，1975；McClelland & Rumelhart，1981）应用到 DRM 范式中，认为在学习阶段语义激活会通过一个大的语义网络从词表中的学习项目自动地、无意识地扩散到关键诱饵，导致关键诱饵的高水平激活及其在后来的回忆或再认中的高度干扰作用。Roediger 等指出将自动扩散激活理论与内隐激活反应假设结合在一起可以更好地解释错误记忆的产生机制，结合后的理论认为一部分错误记忆是有意识加工所致，而另一部分错误记忆是无意识加工所致。Seamon 等（2000）的研究结果支持了该观点。

尽管早期的内隐激活反应假设对错误记忆产生过程的描述过于简单，但后来的很多研究结果均进一步补充和完善了该假设的内容，而且，作为最早被提出的对错误记忆产生机制的解释模型之一，内隐激活反应假设也成为后来一些重要理论模型的基础。

4.1.2 总体匹配模型(MINERVA2)

Arndt 和 Hirshman(1998)将 DRM 范式中学习阶段呈现的词表中的学习项目视为样例,而未学过的关键诱饵则为与这些样例存在语义关联的原型。他们指出以往对 DRM 范式中错误记忆的解释通常强调的是学习阶段编码过的样例与没有学过的原型之间存在的联想或语义关联,当同属于一个类别的样例连续依次呈现时,会使被试注意到它们所具有的一般语义特征进而导致了对原型的错误记忆。他们认为这样的解释虽然可以使人们对错误记忆有一个大致理解,但却不能解释所有的研究结果,尤其是在解释正确再认与错误再认之间并非总是存在正相关的问题上存在困难(Arndt & Hirshman, 1998)。例如当正确再认率下降时,错误再认率并没有像联想激活理论中所假设的那样随之下降,相反错误再认率可能会保持不变(Payne 等,1996),甚至提高(McDermott, 1996)。

为此,Arndt 和 Hirshman 借用 Hintzman(1988)的多重痕迹记忆模型提出了 MINERVA2 来解释人类的记忆系统是如何解决因联想过程而带来的难题的,即如何在提高学过项目记忆可能性的同时却不增加对未学过的关联项目的错误记忆,并使用该模型分析了正确记忆和错误记忆之间的关系。他们指出,MINERVA2 与内隐激活反应假设使用的是相同的联想机制,但不同的是,它还将记忆系统的其他机制运用了进来,这就使之能够更为全面地解释错误记忆现象。

在 MINERVA2 中,项目是由特征集来表征的。在学习阶段,每个项目的所有特征被随机编码到记忆中各自唯一的向量里,每个特征在所表征事件的向量中均有一个值。而对情景(如学习词表)的记忆是一组编码过的向量,其中每个事件(如单词)均被表征到各自单独的记忆向量里。在再认测验

错误记忆

阶段,假定探测刺激(即测验项目)会同时平行激活所有的记忆痕迹,将测验项目与记忆中存贮的所有项目进行比较和匹配,并根据测验项目与记忆中各个痕迹的相似性为每个记忆痕迹生成一个激活值,而测验项目与记忆痕迹之间的相似性值就由探测刺激向量的特征和记忆痕迹向量中对应位置的特征等因素共同决定。如果探测刺激与记忆痕迹完全相同,它们的相似性值就为1。相似性值的立方为每个记忆表征的激活值,记忆中所有项目的激活值总和即是测验项目的熟悉性值,也被称作回声强度(echo intensity,参见 Hintzman,1988)。这样,熟悉性或回声强度的大小依赖于记忆痕迹与探测刺激之间的相似性,当测验项目的特征与记忆中存贮的项目特征相匹配时,其熟悉性便增加,相反则减少,而熟悉性正是再认记忆判断的基础。

MINERVA2 中的这种单一提取过程假设可以同时解释对样例的再认和对原型的错误再认。对于样例,在测验项目与其相应的记忆表征之间存在很强的匹配时,这样便产生极高的熟悉值并做出"旧的"反应。而对于原型,测验项目与记忆中存贮的相关样例之间的匹配是与总体匹配机制结合在一起共同导致了错误再认,即测验项目与记忆中存贮的众多学过项目之间的少量匹配所带来的熟悉值总和导致了对原型的高熟悉性及后来的"旧的"反应。尽管原型与记忆中存贮的任何项目均不存在实质上的匹配,但由于原型与记忆中的众多已有表征之间具有某种程度的相似,因此当被试根据总体熟悉性进行判断时,依然可以发生非常多的错误再认并表现出对他们的反应相当自信。

Arndt 和 Hirshman(1998)指出,MINERVA2 在以往对错误再认的解释中所使用的基本联想机制的基础上结合了总体匹配等机制,这样可以对错误记忆进行更为全面的解释。为了检验该模型的假设,Arndt 和 Hirshman 在四个实验中分别操纵了呈现时间、学习样例的数量和样例与原型之间联想强度等变量,考察了它们对错误再认的影响,结果发现:①在低水平学习条件下,样例与原型的再认成绩增长速度大致相同,但额外学习对样例的再认成绩的提高更有帮助;②降低学习样例的数量会更有助于减少对原型的错误再认;③降低从样例到原型的联想强度会提高对样例的正确再认而减少对原型的错误再认。这些结果均表明,正确再认是由于与单一记忆痕迹的高度匹配,而错误再认则是由于众多记忆痕迹的少量相似性的总和所致,从而支持了 MINERVA2 的假设。据此 Arndt 和 Hirshman 认为,正确再认与错误再认之间的关系是复杂的,依赖于联想和辨别两个过程的共同作用,联想过程使正确再认与错误再认之间呈现正相关,而辨别过程(即 MINERVA2 中激活值的计算过程)使二者之间发生分离。

尽管如 Arndt 和 Hirshman 所说,MINERVA2 扩展了对错误记忆的解释,但该模型也并非能够完满地解释所有错误记忆现象,尤其是在解释错误记忆产生过程所伴随着的主观体验方面尚存疑问。如前所述,MINERVA2 假定测验项目的熟悉性大小取决于其与记忆中存贮的项目痕迹之间的匹配程度,而对未学过的原型的错误再认是由于其与记忆痕迹之间的少量匹配之和所导致的熟悉性与对学过项目的熟悉性大小相同,并因此而产生了高度的自信。如果对原型的熟悉程度如该模型中所说是来自少量匹配之和的话,那么原型所能引起的熟悉性的主观体验应该是一般性的而不是非常熟悉,因为原型本身并不能与已有记忆痕迹的特征一一匹配。但是,许多研究却发现当让被试做记得/知道的元记忆判断时,被试对原型的"记得"反应却多于"知道"反应,也就是被试对未呈现过的原型产生了丰富的主观体验,认为自己对原型非常熟悉并确信能够记起其呈现过的细节(Roediger & McDermott, 1995),这是 MINERVA2 所不能解释的。

4.1.3 模糊痕迹理论(fuzzy-trace theory, FTT)

从前面的论述中可知,内隐激活反应假设和总体匹配模型都认为呈现

错误记忆

过的学习项目与未呈现过的关键诱饵在记忆中形成的表征是同样的,而模糊痕迹理论则认为二者的表征不同,并对错误记忆的产生机制提出了不同的解释。模糊痕迹理论最初是由 Brainerd 和 Kingma(1984)提出来用以解释推理、记忆以及二者之间关系的,随后 Reyna 和 Brainerd(1995)对该理论进行了扩展并将其应用到包括错误记忆在内的多个领域中。

模糊痕迹理论认为记忆不是经验的单一表征,而是存在两种记忆痕迹:字面痕迹和要点痕迹(Reyna & Brainerd, 1995)。字面痕迹记录的是经验的表面水平上的信息,代表刺激的表面细节;而要点痕迹记录的是经验的语义或概念含义及对细节的一般概括等,代表刺激的意义。这两种记忆表征相互独立,要点记忆并非从字面记忆中抽取而来,二者是平行编码、独立存储。事件的字面表征和要点表征在持续性上有所不同,字面痕迹容易受到干扰的影响并会随着时间推移而迅速衰退,要点痕迹则相对更持久。尽管要点痕迹不容易随着时间而发生改变,但它们缺乏特异性,不容易区分,也就是说,事件的字面表征和要点表征是各自独立起作用的,并且它们在遗忘率和特异性上均存在差异。而且,字面或要点表征都可以使被试将特定材料(如词、句子、图片等)归因为曾经直接经历过。

该理论还假设经历过的事件本身与其来源是基于不同的记忆表征的,事件本身的记忆中包含了字面和要点两种痕迹,而事件来源的记忆则仅是字面细节。在这里需要提到的是,尽管在模糊痕迹理论中存在与后面即将提到的来源监测理论一样的术语"来源",但它们所指的含义不尽相同。在来源监测理论中没有关于来源本身的记忆,关注的只是对事件记忆的来源判断。而模糊痕迹理论认为存在对事件来源的记忆,而且来源记忆会发生遗忘而导致来源混淆或错误归因。

根据该理论,错误记忆的产生是由于对最初事件的字面记忆的遗忘、对事件来源的字面细节的遗忘或者提取时用要点记忆代替了字面记忆,它们构成了三种不同的错误记忆效应。在第一种情况下，由于对事件本身的字面记忆很容易随时间推移受到破坏而变得不容易提取，在时间延迟后被试通常会转向根据要点表征来进行提取，最终导致了错误记忆效应的发生。第二种情况与第一种类似，事件的来源同样是字面痕迹，是能够与事件的本质含义或要点相区分开来的表面细节(Reyna & Titcomb, 1997)。来源、情绪、气味等特定属性都会随着时间推移而与最初事件发生分离，而且事件的来源要比事件本身更容易随时间而快速被遗忘，这样便产生了记忆的混淆(Reyna, 1995; Titcomb & Reyna, 1995)。在这两种情况下，被试依据何种记忆表征(字面的还是要点的)来进行判断和提取是取决于遗忘的。遗忘不是记忆痕迹的全或无的缺失，而是一个逐渐衰退的过程。随着时间延迟的增加，事件的来源和事件本身的字面记忆都会逐渐衰退，通过重复呈现可以使已经衰退的记忆痕迹发生重组而得到恢复(Brainerd & Ornstein, 1991; Warren & Lane, 1995)。但是有时在重组过程中也会发生错误(Reyna & Lloyd, 1997)。在第三种情况下，当要求按照字面痕迹进行回忆时，被试错误地提取了要点记忆。此种错误记忆效应的发生是由于事件的要点记忆非常强大而导致它们被错误地当作字面记忆来提取了。一些能够增加要点记忆提取的因素，例如项目之间的语义关联性，都可以增强错误记忆效应。

由此可见，记忆是建立在对字面和要点两种痕迹的提取基础之上的。对于正确记忆，字面提取与要点提取的作用是相同的，一方面对相应经验的明确回忆(字面提取)可以导致对学过项目的正确记忆，另一方面对项目意义的熟悉性感觉(要点提取)也可以导致正确记忆。但是对于错误记忆，字面与要点提取却有相反的效应，字面提取可以通过在单个项目水平(如：能明确地区分开两个不同项目)或一般认知策略水平(如：拒绝任何没有明确表征印象的项目)上压制意义的熟悉性而降低错误记忆，而使项目的意义看

错误记忆

起来有熟悉性感觉的要点提取却可以导致错误记忆。可以说，要点记忆是错误记忆产生的基础。之所以被试会错误地回忆或再认出未呈现过的关键诱饵，是由于他们将判断建立在与学过项目的含义相对应的要点痕迹基础之上（Brainerd & Reyna，2002；Payne 等，1996；Seamon 等，2002；Toglia，Neuschatz，& Goodwin，1999）。从这一点上来说，模糊痕迹理论实际上是一种对抗加工理论，即在错误记忆中存在两种不同的加工过程（字面提取和要点提取），它们对错误记忆效应有着相反的作用。

对两种记忆痕迹的区分使得模糊痕迹理论可以很好地解释多种错误记忆现象并得到了很多研究的支持，对该理论模型的发展和完善将有助于加深我们对错误记忆产生机制的理解。Roediger 等（1998）曾置疑该理论同样无法解释错误记忆产生过程中所伴随的被试的主观体验，最近对模糊痕迹理论模型的扩展对此作出了解释（Reyna & Lloyd，1997；Brainerd & Reyna，1998，2002）。完善后的模糊痕迹理论认为，对字面痕迹的提取支持了一种被称为回想（recollection）的生动的记忆形式，在该特定情境下被试有意识地重新经历了项目的发生过程；对要点痕迹的提取通常支持一种被称为熟悉性（familiarity）的更一般化的记忆形式，在该情境下，尽管没有外显地回忆出未经历过的项目，但被试会认为这些项目与经历过的项目相类似。在某些条件下，如果要点痕迹特别强大，它们就可以导致对特定类型未呈现项目（也就是那些能对要点经验作出很好提示的项目，如关键诱饵）的较高水平的虚假回忆经验，产生一种类似回想的感觉。

Reyna、Corbin、Weldon 和 Brainerd（2016）进一步指出，模糊痕迹理论既可用于解释误导信息干扰范式下的错误记忆效应，也可用以解释 DRM 范式下的错误记忆效应，二者都是字面和要点记忆的结果。不同的是，对误导信息的字面记忆会促进误导信息干扰范式下的错误记忆，而在 DRM 范式中，对词表项目的字面记忆却可降低对关键诱饵的错误记忆；另一方面，要点记忆对两种范式下的错误记忆效应都是促进的。

4.1.4 联想激活理论(associative-activation theory, AAT)

联想激活理论是作为模糊痕迹理论的竞争性理论而被提出的(Howe, 2005, 2006, 2008; Howe, Wimmera, Gagnon, & Plumpton, 2009; Howe, Wimmer, & Blease, 2009)。该理论的主要提出者 Howe 认为,尽管模糊痕迹理论借助字面痕迹和要点痕迹加工之间的拮抗机制,可以解释发展性逆转等错误记忆现象,但是该现象也可以用另外一种理论模型来解释。联想激活理论正是这样一个竞争性的理论。

Howe(2005, 2006, 2008)先后对三个年龄段儿童(5 岁、7 岁、11 岁)的错误记忆进行了系列实验研究。在 2005 年的研究中,Howe 采用了 DRM 范式和指向性遗忘程序(directed-forgetting procedure),要求儿童学习 DRM 词表,并在词表学习完毕后通过指导语告知儿童应记住或是遗忘指定的词表,最后对儿童的记忆情况进行了回忆和再认测试。结果发现,与成人相似,在接受了指向性遗忘指导语后,儿童可以有效地抑制正确记忆;但与成人不同的是,儿童在指向性遗忘条件下也可以有效抑制对关键诱饵的错误回忆。而在再认测验中,无论接受哪种指导语,所有的儿童都错误地再认出关键诱饵。该结果说明儿童的错误记忆产生自意识加工,需要更多努力,因此比较容易在提取时被抑制,而成人的错误记忆更多源自于自动化的加工过程。Howe(2006)进一步比较了儿童对类别词表和 DRM 词表的错误记忆,结果发现正确记忆会随年龄增长而增长,且儿童对类别词表的回忆要好于 DRM 词表;儿童对类别词表和 DRM 词表的错误回忆也表现出随年龄的增长效应,当类别词表为图片时却没有此年龄效应,但对图片的错误记忆要少于单词,说明儿童的错误记忆主要是基于联想过程。Howe(2008)进一步使用视觉图片材料进行了研究,将 DRM 词表分别以单词、彩色照片、线

错误记忆

条画的形式呈现(实验一),并变换照片的背景(实验二),或改变照片背景信息与主题之间的相关性(实验三和四),结果发现背景信息与主题之间的概念相关性并不影响儿童的错误回忆,但背景的丰富性却有影响。说明儿童是利用区分性的知觉特征,而不是概念特征来降低错误记忆。还有研究发现,概念归类、要点启动等方式都无法改变对关键诱饵的错误再认,相反,先前呈现项目与关键诱饵之间的联想强度高低却能预测错误记忆的水平。上述研究的结果都是基于要点记忆的模糊痕迹理论所无法解释的。

基于上述研究结果,Howe 提出了联想激活理论,指出错误记忆是联想—激活过程的结果。该理论认为,个体的知识体系由相互联系的概念网络组成,概念的结构随个体的发展和经验而发生变化。概念之间的相关程度越高,相互之间的联系就越紧密;概念之间的相关程度越低,相互联系就越松散。当某一特定概念出现后,相应的记忆表征会被激活,这一激活能够扩散到个体知识体系中的相邻表征中去,这些表征就像节点一样组成整个概念网络,每一个概念可以与多个节点相连。以 DRM 范式为例,当被试学习词表中的各个项目时,词表项目所对应的关键诱饵词就会在联想网络中被多次激活,最终导致错误记忆的发生。

根据联想激活理论,联想的强度、数量和自动化程度三个指标都对形成错误记忆存在影响。Howe 等(2009)指出,联想强度(associative strength)对形成错误记忆来说至关重要,联想强度又可进一步细分为负向联想强度(BAS)和正向联想强度(FAS)。前者指从词表项目到关键诱饵所建立的联想强度,而后者则指从关键诱饵到词表项目的联想强度。无论对于成人还是儿童,负向联想强度都是导致错误记忆的决定性因素。当负向联想强度增加时,错误记忆会增多,反之则减少。除负向联想强度外,联想的数量和自动化程度也会影响错误记忆,表现为二者的增大或增强也会导致错误记忆增多。随着年龄增长,儿童在概念之间建立关联的能力会随经验而提升,其知识体系中的概念和节点被激活的自动化程度也会提高,因此错误记忆也会增强。

4.2 基于监测的解释模型

4.2.1 来源监测理论(source-monitoring framework, SMF)

Johnson、Hashtroudi 和 Lindsay(1993)在以往研究基础之上对记忆过程提出了新的理解,认为人们对过去经验的记忆中还包含了对信息来源的判断。其中,来源指的是那些能够对记忆的获得条件进行说明的多种特征,这些特征包含了时间的、空间的、事件的社会背景、事件知觉的媒介和通道等,来源监测则是对记忆、知识和信念的来源进行归因的一系列加工过程。来源监测的核心观点认为,人们并非直接提取那些用以说明记忆来源的抽象标记,而是通过记忆中的决策过程将激活的记忆痕迹评估或归因到特定的来源。这种识别记忆信息来源的能力在认知过程中具有重要作用。

来源监测方法一经提出后便被广泛地应用到对诸如目击证人证词、遗忘症和老化等许多领域的研究中,甚至研究者还发展出用以分析来源监测数据的特定数学技术。Roediger 等(1998)认为来源监测理论同样可以用来解释 DRM 范式中因联想过程而导致的错误记忆,而且还直接回答了错误记忆是如何产生的问题。

来源监测理论(Johnson,Hashtroudi,& Lindsay,1993)是对 Johnson 和 Raye(1981)的现实监测理论的扩展。现实监测指的是将内部生成信息的记忆与来自外部信息的记忆分辨开来,也就是一种内部—外部区分的过程,例如将对知觉到的事件的记忆与对想象出来的事件的记忆区分开。Johnson 等(1993)指出,除了这种内部—外部的区分外,还有两种来源监测状态:外部来源监测(即区分开来自不同外部来源的信息)和内部来源监测

错误记忆

(即将自己想出来的与说过的记忆区分开)。根据来源监测理论,所有这三种类型的来源监测均是基于与判断过程有关的定性记忆特征,其中最重要的记忆特征是记忆形成过程中的知觉信息(如声音和颜色)、背景信息(空间的和时间的)、语义细节、情感信息(如情绪反应)和认知操作(如组织、精细加工、提取和识别的记录)。这些不同来源的记忆特征在数量上的差异,以及记忆特征与用以表征某特定来源的激活图式之间的匹配程度就是进行来源监测决策的依据。

如前所述,来源监测中包含了决策或归因过程,这是来源监测理论的核心部分。根据该理论,许多来源监测决策是基于激活记忆的定性特征而快速地、相对不加思索地做出的,也就是说,通常情况下来源监测是觉察不到的决策过程,但有时也包含了有意识的策略加工。Johnson 和 Raye(1981)曾区分了来源监测中的两种判断过程,其一为基于激活信息的定性特征所进行的判断,其二为基于更广泛的推理所进行的判断。前者是"自动的"或"启发式的"过程,其判断标准中可能包含了一定水平的熟悉性或知觉细节的数量;后者是"控制的"或"系统性的"过程,其判断标准中可能包含了知道与记得的事件之间不一致性程度的大小。来源监测判断本身则更具有启发式的特点,其中的系统性加工发生得较少较慢,且容易受到破坏。这两种判断过程都需要设定相应的判断标准,并受反应偏向、元记忆和当前目标的影响。标准的设定过程包含了许多方面:给可能在决策中用到的信息维度分配比重,为这些信息分配不同的自信水平,对特定水平的自信进行反应。由于与当前目标有关,因此来源监测还会受到动机和社会因素的影响。当使用较严格的标准,并同时使用启发式和系统性两种判断过程时,来源监测会表现得更自信。

来源监测的准确性受到很多因素的影响。来源监测不仅依赖于对最初事件进行编码的信息性质(即各种记忆特征),还依赖于在进行来源监测时

第四章 错误记忆的产生机制

决策过程的性质,因此,任何破坏正常知觉和思考过程而导致编码信息减少的变量和任何限制决策过程的因素都会破坏来源监测。激活的记忆中所包含的记忆特征的种类与数量、这些特征对于某特定来源的唯一性、进行来源决策时依赖的判断过程的有效性,以及所使用标准的特点等都决定了记忆来源提取的容易性和准确性。当某事件的记忆细节非常丰富、对该事件的归因是其来源的唯一特征,以及在记忆中使用了合适的决策过程和标准时,来源监测归因就会相对容易和准确得多。大量研究表明,记忆的可能来源之间的知觉相似性或语义相似性通常会增加混淆,进而导致更多的来源监测错误(Ferguson, Hashtroudi & Johnson, 1992; Henkel, Johnson, & De Leonardis, 1998; Johnson, Foley, & Leach, 1988)。对记忆的各种定性特征的编码情境的破坏(如脑损伤、老化和分散注意)也将不利于这些特征的整合并最终导致来源监测受损。

根据来源监测理论,当来自某个来源的思想、信念或情感被错误地归因到另一个来源时,错误记忆现象就发生了(Lindsay & Johnson, 2000)。这可能是因为错误来源下的记忆特征的细节更丰富更生动,像知觉到的事件一样,也可能是因为在该测验情境下所进行的来源监测决策不够谨慎或进行决策所依据的信息特征不足以用来判断项目的来源。在 DRM 范式中,由于被试在学习阶段激活了对关键诱饵的表征,由于关键诱饵与学过项目在语义上存在高度相似性,因而可能具有丰富的记忆特征,当被试在后来的回忆或再认测验中依据激活的相关记忆信息的种类和数量进行决策或归因时,会混淆了这些内部激活的表征与外部呈现过的学习项目的不同来源,导致了对关键诱饵来源的错误归因。有研究发现,有时通过提高来源监测可以减少错误记忆的发生(Hicks & Marsh, 1999; Smith, Tindell, Pierce, Gilliland, & Gerkens, 2001)。

与前面所阐述的四个基于激活过程对错误记忆进行解释的理论相比,

错误记忆

来源监测理论强调了错误记忆产生过程中的决策或归因过程以及编码的各种记忆特征是如何对决策过程发生影响的,更直接地解释了错误记忆的产生机制。而且,还强调了进行来源监测决策时需要设定相应的决策标准,在标准的设定过程中包含了依据分配给不同信息的自信水平进行反应,这样便很好地解释了错误记忆产生过程中所伴随着的主观体验。

4.2.2 差异—归因假设(discrepancy-attribution hypothesis)

差异—归因假设最初是由 Whittlesea 和 Williams(1998,2000)在记忆的 SCAPE(selective construction and preservation of experience)模型基础之上推论而来用以解释记忆中的主观经验(如熟悉感、知道感、愉悦度、喜好等)的一种理论,后来 Whittlesea(2002,2005)使用该理论对 DRM 范式中存在的原型熟悉性效应(the prototype-familiarity effect)进行了解释。

与 MINERVA2 模型相类似,差异—归因假设认为未呈现过的关键诱饵是与词表中的项目存在语义关联的原型,原型熟悉性效应指的是在词表呈现过程中,被试会注意到学习项目的一般语义特征,因此要么激活了原型项目本身,要么将注意的焦点集中于与原型有关的语义特征集上,最终会导致对原型的错误记忆。尽管与 MINERVA2 一样认为错误记忆的产生是原型所具有的特征与学习阶段呈现的所有项目的特征集之间存在相似性所致,但差异—归因假设指出,单纯的相似性匹配是不能充分解释原型熟悉性效应的。对原型产生的熟悉性错觉并非是它们与学习项目之间相似性的直接产物,相反,这种熟悉感来自于两个步骤:首先,相似性在一定程度上促进了在测验阶段中对原型中某些方面的加工;其次,对这种促进结果所做作评估又会导致其与原型中那些未受到促进的方面之间产生差异(Whittlesea,2002)。错误记忆效应则产生自对这些差异的归因。

具体而言,差异—归因假设认为记忆活动是由两个独立的成分组成的:

关于某刺激的信息生成过程(包括知觉、认知和反应等),以及对该生成过程的评估。生成机制是对刺激的不同方面的整合过程,受当前任务、刺激、背景和记忆中已有的先前经验表征等之间关系的影响,评估机制则是基于生成过程的性质,如流畅性、完整性和一致性等。在这两个过程中对刺激输入所进行的组织和解释都是建构性的。其中,评估过程是差异—归因假设中所强调的。根据该假设,当人们对刺激的不同方面进行整合时,会对该过程的一致性进行评估,而评估会导致将当前加工知觉为三个基本类别:一致的(coherent)、不一致的(incongruous)和差异的(discrepant)。在当前经验的所有方面彼此之间非常和谐时会产生一致的知觉,对该知觉的主要反应是接受当前加工的事件并继续前进;在当前加工的某些方面与其他方面明显不一致时会产生不一致的知觉,对该知觉的主要反应是停止当前加工并找到不一致的来源进而纠正错误。差异—归因假设认为最后一种情况,即对差异的知觉是最重要的。在当前加工的某些方面因为一些不确定的原因而意外地与其他方面很和谐或者很不和谐时,就会产生对当前加工的差异知觉。对此种知觉的一般反应是在事件特征的基础之上形成对差异来源的归因,通常人们会将其来源归结为当前刺激本身的特征、自己当前的状态(心境或倾向),或者一些看似真实的过去经验。

Whittlesea 等(2005)指出,所有的差异知觉都包含着一些惊奇成分,惊奇(surprise)是对期望与结果之间差异的知觉。在评估过程中,有时能使人体验到一种由于加工经验的某些方面所产生的期望与实际结果之间的明显不匹配,进而导致差异的知觉(或称惊奇的感觉)。这种差异知觉是熟悉感产生的基础,当其被无意识地归因到过去的某个来源时,人们就会体验到一种有意识的熟悉感,也就是说,熟悉感是无意识归因过程的有意识结果。

进一步的,Whittlesea 等(2005)认为在 DRM 范式下,错误的熟悉感的产生是由于在加工某事件过程中,预期与结果之间的比较导致了惊奇,而在

错误记忆

此实验情境下,通常被试会自然而然地、无意识地将惊奇归因为过去的某个未知来源,这是错误记忆产生的原因。换句话说,原型所带给人的惊奇是错误记忆产生的最可能的来源。惊奇可能会以多种方式出现。在一种情况下,对原型的加工过快而违反了流畅性期待(Hancock, Hicks, Marsh, & Rischel, 2003; McDermott, 1997; Whittlesea & Williams, 2001a, 2001b)。对原型的高加工流畅性会使被试感到惊奇而无意识地将这种莫名其妙的流畅性归因为先前经验,并有意识地体验到一种熟悉感。在另一种情况下,由于与其他项目相比,原型与词表中所有项目的关联性都更高,因此会意想不到地提供出词表中所有项目的意义或主题,进而导致了惊奇(Arndt & Hirshman, 1998)。据此,Whittlesea 等(2005)认为,在记忆测验中当将原型评估为候选项时所导致的惊奇是错误记忆产生的最主要的原因。

差异—归因假设中所提到的评估和归因的原则可以帮助我们较好地理解 DRM 范式中的错误记忆效应。在 DRM 范式中,与原型有关的学习项目的呈现影响了当原型出现在再认记忆测验或在自由回忆中出现在头脑中时对原型所作的评估,而评估导致了错误回忆和错误再认。而且,在对记忆的主观特性的解释上,该假设认为主观体验更直接地来自于对记忆表征控制下的操作特性进行解释的评估过程,该过程在加工经验的性质与人们的主观体验之间起到了媒介作用,这可以更好地解释记忆的主观特性。相反,前述几种理论模型在对记忆主观特性的理解上均是基于记忆的表征状态与记忆的主观体验之间的直接联系,认为熟悉性是刺激加工流畅性的直接产物,这样低估了人们对主观反应的加工的复杂性,因而有时会遇到解释的难题。

4.3 基于激活与监测的双加工模型

在 Roediger 和 McDermott(1995)对 DRM 范式下错误记忆的开创性研

究中，他们曾经指出错误记忆不是仅仅产生于编码过程，而是产生于编码和提取两个过程。在此基础上，许多研究者后来提出，在编码和提取过程中发生的加工均影响了错误回忆和错误再认（McDermott & Watson，2001；Roediger，Balota，& Watson，2001；Roediger & McDermott，1995，2000；Roediger，Watson，McDermott，& Gallo，2001），由此便产生了激活/监测理论（activation/monitoring framework）。该理论认为在对 DRM 范式中的错误记忆进行理论解释时，需要考虑两个重要的加工过程，即激活和监测。它们都能潜在地影响对记忆经验的编码和提取，而并非是通常所认为的激活仅影响编码、监测只影响提取的这种一一对应的关系。激活过程与对记忆准确性的监测过程及其交互作用都可以导致错误记忆的产生。该理论同时强调了激活与监测的双加工过程在错误记忆产生中的作用，因此在对错误记忆效应的解释上具有着前面几种模型所无法比拟的优势。

4.3.1 激活过程

对于编码过程的理解，早期曾有研究者提出其中存在两种不同的加工：项目特异性加工和关系性加工。项目特异性加工（item-specific processing）强调的是对单个成分及其特征的编码；而关系性加工（relational processing）强调的是对成分之间关系的编码。前者使得项目之间更加具有区分性，进而能更好地区分正确记忆和错误记忆；后者会抽取出意义、图式或建构出联想网络，通过推论或联想提高了对实际上未发生事件的错误记忆的可能性。这两种加工都会导致激活的产生，其中既包括了对真正经历过的事件的激活，也包括了对那些实际没有经历过的但却与图式有密切关联的事件的激活。也就是说，在对经验的编码过程中，人们通常会超出经验本身而根据各自的已有图式（或联想网络、知识结构）来对经验进行加工，并通过推论过程激活相关信息（Roediger，Balota，& Waston，2001）。

错误记忆

激活/监测理论认为,在 DRM 范式中,当对词表中的学习项目进行编码时会产生激活,激活可以通过一个大的语义联想网络进行扩散,进而启动了有关信息并使得它们后来变得更容易提取。但是,激活是以什么形式发生的呢?目前,一些研究证据支持了有意识的激活过程(McDermott, 1997),而另一些研究则表明激活是无意识的过程(Seamon, Luo, & Gallo, 1998; Roediger, Balota, & Watson, 2001)。对此,激活/监测理论认为,对未呈现过的关键诱饵的激活可能是有意识的,也可能是无意识的,即被试有可能在词表呈现过程中意识到了关键诱饵并对其进行了复述,也可能虽然关键诱饵被强烈地激活了,但却未能被意识所觉察。

根据激活/监测理论,激活过程对于错误记忆的产生是非常重要的。尽管在实证研究中并无法对语义激活进行直接的测量,但词表中的项目与关键诱饵之间的关联强度(即负向联想强度)却与激活水平存在着直接的关系,负向联想强度越高则激活水平越高。Deese(1959b)曾经证明了错误回忆的可能性与负向联想强度之间存在极高的正相关,间接地证实了激活过程对于错误记忆产生的重要性。Roediger、Watson、McDermott 和 Gallo(2001)在一项多元回归分析研究中复制并扩展了这个相关,发现在所有可能影响错误记忆的 7 个因素中,负向联想强度是错误回忆的最强预测因素。词表中学习项目与关键诱饵之间的关联性越高,就会对关键诱饵产生越大的激活,换句话说,词表项目与关键诱饵之间关联强度的高低决定了关键诱饵在多大程度上能够被错误地回忆或再认。Roediger 等认为这个激活因素可能是用以解释"通过经验使人们唤起的事件是如何作为个体经验的一部分而被诚实地报告出来的"(Kirkpatrick, 1894)的关键。

除了负向联想强度,其他一些实验操纵也可以证实激活因素在错误记忆产生过程中的作用。Seamon 等(1998)发现即使在极短的呈现时间条件(20 ms)下,对学习项目几乎无法辨认清楚时,仍然可以观察到对关键诱饵的错误再认,据此他们认为自动激活可以解释这个错误再认效应。Robinson 和 Roediger(1997)通过操纵词表的长度(即词表中学习项目的数量)发现,随着词表中语义关联词数量的增加,错误回忆的可能性也会增加。他们认为这是因为学习项目的数量会与关键诱饵的激活水平呈正相关。此外,McDermott 和 Watson(2001),以及 Roediger、Robinson 和 Balota(2001)的研究均发现,至少在相对较快的呈现速度下,错误回忆会随着词表中学习项目呈现时间的延长而提高。他们认为这是由于随着呈现时间的延长,对关键诱饵的语义激活水平发生了累积,因此导致了错误回忆。

上述研究均表明,激活过程是错误记忆产生的重要来源之一。而激活既可以发生在编码过程中,也可以发生在提取过程中。该理论假设,在提取过程中被试回忆出来的词表项目增多,或者在关键诱饵之前进行再认测验的词表项目增多,同样可以提高对关键诱饵的启动的可能性。周楚等(2004)和 Dewhurst 等(2012)的研究都发现了测验引发的启动对错误再认存在影响,证实了激活的确可以发生在提取过程之中。

4.3.2 监测过程

激活/监测理论中的另一个重要因素是对记忆准确性的监测。作为一个更具策略性的控制过程,监测直接影响着激活是否能转化为后来的错误记忆(McDermott & Watson, 2001)。该理论中的监测成分是在先前的一些理论基础上得来的,包括来源监测理论(Johnson, Hashtroudi, & Lindsay, 1993; Johnson & Raye, 1981)、再认的双加工理论(Atkinson & Juola, 1974; Mandler, 1980)、记忆的归因方法(Jacoby, Kelley, & Dywan, 1989)以及对抗的逻辑(Jacoby, 1991)。对于监测过程的性质,该理论认为监测与激活一样可以发生在编码和提取两个阶段中。在编码过程中,人们必须能够区分开发生过的事件和由这些事件所唤起的思想;在提取

错误记忆

过程中,监测包含了判断先前唤起的思想是否代表了最初呈现过的事件。

监测的主要目标是区分出头脑中出现的信息哪些是来自过去的经验而哪些不是,这与现实监测(Johnson & Raye,1981)或内部—外部来源监测(Johnson Hashtroudi, & Lindsay,1993)一样。正如来源监测理论中所说,过去真实经历过的事件具有更多的来自外部世界的特征(如知觉的、空间与时间的信息等),而想象出来的事件则很少具有这些特征,相反更可能具有联想的反应和认知的操作,二者在相关记忆特征上的区别可以增加监测的准确性。在编码阶段,当关键诱饵是有意识地被激活时,被试意识到了关键诱饵的出现,监测就可能会对编码过程发生作用。此时,一方面关键诱饵的激活程度越高会使之具有与词表项目更相似的一些特征,甚至带有类似学过项目的细节特征,而关键诱饵与词表项目之间相似性的增加会降低监测过程的有效性,导致错误记忆提高(Israel & Schacter,1997;Schacter, Israel, & Racine,1999);另一方面,如果事先告知被试错误记忆现象并要求其只关注呈现过的词表项目而尽量忽略关键诱饵(即提供预警指导语)时,可以使被试将注意更多地集中在学习项目的非语义的、知觉的维度上,进而可能会增强对编码阶段的监测效果,降低错误记忆(Gallo, Roberts, & Seamon,1997;Gallo, Roediger, & McDermott,2001;McDermott & Roediger,1998)。在提取阶段,由于关键诱饵曾经被强烈地激活过,因而会带有包括细节在内的丰富记忆特征,导致被试更可能将其归因为过去在词表中呈现过。这一点与来源监测理论的解释相类似,并已得到很多研究的证实。

许多研究结果表明,监测过程会影响DRM范式中的错误回忆和错误再认。Neuschatz、Payne、Lampinen和Toglia(2001)发现只有当预警指导语呈现在编码阶段开始之前时才会有效地降低错误记忆,而当其呈现在编码阶段之后的测验阶段开始之前时,预警不再有效,表明策略性的控制过程只有在编码阶段才会受到预警指导语的易化。McDermott(1996)发现多次重复学习—测验可以使被试更清楚地记得哪些词是词表中所没有的,进而降低了错误回忆的可能性。Kensinger 和 Schacter(1999)进一步发现存在监测困难的老年被试无法通过多次学习—测验的重复降低错误记忆。Balota 等(1999)也发现老年人与年轻人相比会产生更高水平的错误回忆。Watson、McDermott 和 Balota(2004)将预警与多次重复学习—测验两种操纵结合在一起考察其对监测过程的影响,发现二者的结合几乎可以完全消除年轻被试的错误回忆,但年老被试却无法从多次练习中获益,而仅仅当练习次数较少时才能通过预警指导语降低错误记忆的可能性,表明具有自我发动监测困难的年老被试与年轻被试不同,他们无法从这两个对监测过程有帮助的因素中获得协同的效应。Roediger 等(2001)研究中的另一个重要的发现是,对词表的回忆能力(即正确回忆)与对关键诱饵的错误回忆之间呈现负相关,这意味着词表项目的编码越好,它们就能越容易地与关键诱饵区分开,关键诱饵的区分性越强会使监测过程变得更容易而且有效,表明监测过程可以降低错误回忆。Benjamin(2001)通过对再认时间压力、学习遍数和老化三个变量的操纵同样证实了监测过程的必要性。他发现当没有再认时间压力时,多次学习条件下的被试能通过唤起注意控制来抑制错误再认,而当有时间压力时,监测过程被阻断,多次学习条件下对关键诱饵的较高熟悉性或激活增加了错误再认的可能性。当用年龄变量代替了再认时间压力时,可以获得同样的结果,即年轻被试能够使用监测过程去抑制因为多次学习而导致的额外激活,而年老被试则由于存在监测障碍而表现出相反的模式。

4.3.3 对激活/监测理论的评价

激活/监测理论中所强调的两个因素——激活过程和对记忆准确性的监测过程的重要性得到了许多研究的直接支持。Balota 等(1999)在研究中

错误记忆

比较了五组被试：健康年轻被试、健康老年被试、健康高龄老年被试、极轻微老年AD(Alzheimer disease,阿尔茨海默症)患者和轻微老年AD患者的记忆成绩,经过语义启动程序测量(见Balota & Duchek,1988,1991),结果发现尽管从年轻人到老年人到AD患者,被试的正确回忆成绩明显受到了破坏,五组被试却表现出相同水平的错误回忆,也就是均表现出完整的激活过程;但是,年轻被试的错误回忆可能性要低于其他各组被试,这是由于其他组被试与年轻被试相比,来源监测过程较匮乏。该结果所表现出来的模式正是激活/监测理论所预期的。同样地,McDermott和Watson(2001)的研究结果也可以通过激活/监测理论得到很好的解释。他们发现在较短的呈现时间条件下(20 ms或250 ms),正确回忆和错误回忆都会随着呈现时间的延长而增加,而在较长的呈现时间条件下(1 s、3 s或5 s),错误回忆会随着呈现时间的延长而降低。这说明在较长的呈现时间下,被试开始唤起了策略性加工(即监测过程),该加工过程与扩散激活存在相反的效应,这恰恰证明了存在激活与监测两个加工过程。此外,如前面所述,在Roediger(2001)使用多元回归分析所进行的研究中,发现了两个导致错误记忆产生的重要因素,即词表中的学习项目与关键诱饵的关联性(也就是BAS)和对词表的回忆能力,它们对错误回忆和错误再认的不同影响也证实了在错误记忆产生过程中两个基本过程——对关键诱饵的语义激活过程和策略性的监测过程的存在,从而支持了激活/监测理论可以解释DRM范式中的错误记忆现象。

激活/监测理论可以为许多无法用单一过程理论(如前面所提及的几种理论)进行解释的错误记忆效应提供合理的解答,尤其是激活/监测理论在解释为何有些变量对正确记忆和错误记忆的影响是协同的(即相同的效应),而另一些变量对二者的影响是对抗的(即相反的效应)的问题上会更有效。对这些问题的回答反过来又可以证实激活/监测理论中所提出的激活与监测的双加工过程的合理性。这些都使得激活/监测理论成为众多对错误记忆产生机制的理论解释中最受欢迎和最为普遍使用的。

当然,这并不意味着激活/监测理论已经是一个非常完备的理论解释了。该理论中尚有很多问题等待着进一步的研究去解答。该理论认为激活和监测分别对编码和提取过程都起作用,那么这两个因素的作用原理、方式及其交互作用是怎样的,这还需要进一步的说明。例如,激活过程是如何对错误记忆的产生起作用的?如果激活果真如该假设中所说的那样是来自在一个大的语义联想网络中的扩散,则激活应该是一个极其快速的过程,那么为何因激活过程而导致的错误回忆和错误再认却不随着时间而发生衰退呢?也就是说,为何快速而短暂的激活会有如此持久的效应呢?也许监测过程可以对此提供补充解释,但还有待研究证实。而且,当对关键诱饵的激活被有意识地觉察到时,被试是会进一步对关键诱饵进行复述,还是会通过有效的监测过程而抑制对关键诱饵的激活?何种因素会促使被试选择不同的方式对已激活的关键诱饵做进一步的加工?以及,是否存在着某些因素(如加工水平等)仅仅对激活或监测中的某个过程存在单独的影响?

可见,未来研究还需要进一步探明激活和监测这两个因素的重要性以及二者之间的交互作用,以便更好地理解影响错误记忆产生的相关加工过程。不可否认的是,对于试图从编码和提取两个阶段来全面地解释错误记忆,该理论无疑是一次很好的尝试。

4.3.4 对激活/监测理论的系统实验验证

如前所述,尽管激活/监测理论强调了激活和监测两个过程都能潜在地影响对记忆经验的编码和提取,且可能导致错误记忆的产生,但还存在大量问题需要进一步证实。周楚(2005,2007,2008,2009)的系列研究对错误记忆产生中存在的激活和监测的双加工过程及其可能的作用方式进行了系统的阐述和分析。

周楚(2007)通过操纵学习词表的呈现时间与呈现方式两个变量探讨了错误记忆产生中的激活过程,结果发现随着词表的呈现时间从极其短暂的20 ms到2 000 ms,对关键诱饵的错误再认没有发生显著变化(见图4-1a),但词表项目的分组呈现显著提高了错误再认的可能性(见图4-1b)。该实验的结果说明了编码阶段的激活过程对错误记忆产生的影响。当对词表中的学习项目依次进行编码时,会产生对关键诱饵的连续激活,错误记忆的产生则是连续多次的重复激活累积到一定水平的结果。词表项目的随机呈现在一定程度上破坏了连续激活而导致对关键诱饵的错误再认减少。但是,呈现时间的延长虽然显著地提高了正确再认,却对错误再认没有影响,这一方面可能意味着短暂的呈现已经足以产生对关键诱饵的一定水平的激活,另一方面也预示着可能存在激活以外的过程(即监测过程)影响着错误记忆的可能性。

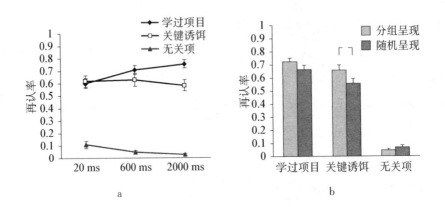

图4-1 不同呈现时间(a)和呈现方式(b)条件下的正确和错误再认率
(周楚,2007)

如果短暂的呈现足以产生对关键诱饵的一定水平的激活的话,该激活过程有极大的可能是无意识加工的结果。周楚、杨治良和秦金亮(2007)的研究试图证实无意识激活是否存在。该研究中沿用了周楚(2007)的研究中对呈现时间的操纵,并且通过不同的实验任务促使被试对词表进行无意的加工,借此来考察当被试在没有对词表项目进行有意加工的条件下是否依然产生了对关键诱饵的错误再认。结果发现,在被试忽略词表项目本身而仅仅对其颜色进行判断,且所有词表项目是完全随机呈现的条件下,仍然看到了错误记忆效应的发生(见图4-2)。而且在R/K判断中,被试在该条件下对关键诱饵作出的"旧的"判断更多的是基于一般的熟悉性或猜测。该实验结果证实了在错误记忆产生过程中无意识激活的存在。

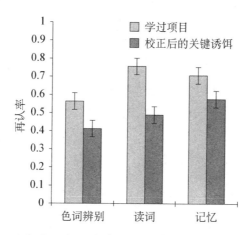

图4-2 不同实验任务下对学过项目和校正后关键诱饵的再认率
(周楚,杨治良,秦金亮,2007)

如果在激活过程以外还存在着其他过程(即监测过程)可能对错误记忆产生影响的话,则易化了监测过程的变量可以通过提高监测的准确性而降低对关键诱饵的错误记忆。周楚和杨治良(2008)进一步操纵预警和呈现时间两个变量,通过两个实验考察了二者对错误再认和错误回忆的影响。研

错误记忆

究采用视觉—视觉通道的学习—测验模式,实验一使用再认测验,结果发现呈现时间对错误再认不存在影响,而预警提示的确有效降低了对关键诱饵的错误再认,从而证实了监测过程的存在;实验二使用回忆测验,结果发现呈现时间和预警提示对错误回忆均不存在显著影响。该研究结果表明,预警提示对错误回忆的影响可能受到编码时呈现通道的影响,视觉编码条件下预警提示效果甚微,而错误再认则无此通道效应;呈现时间的较大变化可同时促进激活与监测过程,错误记忆效应的大小是激活与监测双加工过程此消彼长的交互作用的结果。

更进一步地,周楚和聂晶(2009)通过对预警提示、呈现时间以及再认时间压力的同时操纵,深入考察了错误记忆产生过程中的激活与监测的双加工在编码和提取两个阶段的作用。与先前研究不同的是增加了再认时间压力的操纵,目的在于考察当提取阶段由于时间压力的存在而导致监测过程受阻时,被试对关键诱饵的错误再认会发生怎样的变化。研究假设此时监测过程的减少或缺失会使得被试将其判断建立在因激活而导致的熟悉性的基础上,进而导致错误再认率的上升,尤其是当事先没有预警提示而再认判断又面临时间压力时,错误再认应该在所有条件下是最高的。该假设得到了证实,当再认判断是在无时间压力而又有预警提示的条件下作出时,对关键诱饵的错误再认与其他条件下相比是最低的,相反则最高。同时,采用信号检测指标所做的进一步分析也发现,当再认存在时间压力时,可观察到辨别力指标(d')的明显下降,说明此时被试对学过项目与关键诱饵之间的区分变得不再敏感,其反应是在极其短暂的时间内相对"不加思索"地快速做出的;对反应标准(C)的分析发现,预警提高了被试的反应标准,说明当向其提供预警提示时,被试的判断标准会更加严格,反应会更加趋于保守。该研究结果证实在记忆信息的提取阶段存在双加工过程,一种是快速的激活过程,另一种是相对缓慢的策略性监测过程,它们对错误记忆效应起着相反

第四章 错误记忆的产生机制

的作用。当再认判断是基于快速的熟悉性而来不及决策时,错误再认率显著上升;而当再认判断是基于缓慢策略性加工且反应相对保守时,错误再认率明显降低。换句话说,激活与监测的双加工在错误记忆产生过程中存在对抗式的交互作用,当监测过程在编码和提取两个阶段均受到易化时,策略性的控制过程最有效;当监测过程受阻时,激活的效应将更明显。

上述系列研究证实了在错误记忆产生中激活与监测的双加工过程的存在,并探讨了其发生作用的方式。在对最初事件(词表)进行加工的过程中,会产生从该事件信息(词表项目)到与其存在语义关联的事件(关键诱饵)的自动的连续语义扩散激活,该激活过程是自动产生的并且速度极快。如果连续的自动激活没有被个体觉察到,则已经激活的未呈现事件便无意识地存贮在头脑中。当后来对记忆信息进行提取时,对未呈现事件的莫名的熟悉感会促使个体错误地做出该事件先前呈现过的判断。如果连续的自动激活达到一定水平而被个体有意识地觉察,则可能发生两种情况,一种是高度激活的未呈现事件尽管被有意识地觉察出来但仍然错误地存贮在头脑中;另一种情况下个体对未呈现事件的有意识觉察唤起了监测过程,使其分辨出该事件仅仅是自己头脑中的想法而非真实的呈现。在前一种情况下,当后来对记忆信息进行提取时,如果个体设置了较为严格的判断标准来对事件在先前呈现过与否作出监测判断,则对未呈现过事件的错误判断会较低,相反,如果个体采用比较宽松的判断标准,或者仅仅根据未呈现事件的高度熟悉性和该事件与最初事件的高度语义相似性来进行监测判断,则会导致发生较多的来源归因错误。在后一种情况下,由于个体在对事件进行加工的同时已经区分出未呈现过的相关事件并非来自真实的呈现,因而在后来的记忆提取中可能会进一步采用更为有效的监测过程来减少对该事件的错误记忆,但是如果提取时的监测过程受阻,依然可能导致个体发生来源判断上的混淆。

错误记忆

可见,激活与监测的双加工过程在错误记忆产生中均具有重要的作用,而且激活与监测过程要发挥其各自的作用是要依赖于不同情况下二者在记忆信息的编码和提取过程中的动态交互影响,二者互动的结果直接决定了错误记忆效应的大小。一方面,激活过程与监测过程的作用效应是相互对抗的,表现为激活过程促进了错误记忆的产生,而监测过程抑制了错误记忆的效应;另一方面,在信息的编码阶段,监测过程是建立在达到一定水平的有意识激活的基础之上的,只有当自动的连续激活达到一定水平而被个体有意识地觉察后,控制性的监测过程才可能发挥作用,而当激活没有被意识所觉察时,监测过程就不可能在编码阶段发生。语义激活过程的累积或有效监测过程的受阻甚至缺失都可以使人们对事件的记忆发生错误或扭曲。

4.3.5 激活/监测模型与其他模型的比较分析

综上所述,目前为止似乎还不存在某种理论模型可以完满地解释所有的错误记忆现象。内隐激活反应假设指出了对关键诱饵的错误回忆和错误再认是基于学习阶段中的内隐联想反应,直接解释了错误记忆是在学习阶段通过联想过程而被激活的,但却没有指出激活的产生方式是有意识的还是无意识的。MINERVA2模型在联想机制的基础上结合了多痕迹记忆模型中的总体匹配机制,指出对关键诱饵的错误熟悉性是来自于其与记忆中存储的众多学过项目痕迹的少量匹配之和所导致的高激活值,这样便可以解释某些因素对正确记忆和错误记忆的分离效应以及正确记忆与错误记忆的关系,但该模型却无法很好地解释错误记忆产生过程中所伴随的强烈主观体验。模糊痕迹理论认为记忆不是单一的表征,记忆表征可以区分为字面痕迹和要点痕迹两种,相应的,在错误记忆产生过程中存在两种对抗的加工过程——字面提取和要点提取,而要点提取是错误记忆的基础,该观点可以很好地解释很多错误记忆现象,但对主观体验问题的回答也尚存疑问。

第四章 错误记忆的产生机制

联想激活理论强调了联想过程在错误记忆产生中的作用,且可以较好地解释儿童错误记忆的发展性特点,但似乎又并未提出全新的概念和机制。

来源监测理论将记忆提取中对信息来源的判断包含在内,指出记忆中存在一个决策或归因过程将激活的记忆痕迹评估到某个特定的来源,而错误记忆则产生于来源的误归因,这样便直接解释了错误记忆的产生机制,但忽略了激活过程的影响。差异—归因假设认为对关键诱饵的错误的熟悉感不是直接来自记忆痕迹的激活,而是存在一个无意识的归因过程作为媒介,错误记忆则产生自对熟悉感的错误归因,该假设关注记忆中的主观体验,但却同样忽视甚至否认了激活过程的作用。

最后,激活/监测理论对双加工过程的强调可以说是融合了上述各种理论模型的优势,也得到了一些实证研究的支持,但也不可避免地依然存在着尚需研究去证实的假设内容,如激活与监测过程发生作用的方式及其交互影响。这些理论模型的进一步的整合和完善都将对加深错误记忆现象的理解有重要作用。

需要提到的是,尽管在这里所论述的几种理论模型多数集中于对DRM范式中的错误回忆和错误再认的解释上,但这并不说明这些理论模型仅仅对应于词表学习范式下的错误记忆现象。相反,它们同样可以在不同程度上解释那些因外部干扰过程而导致的错误记忆效应。围绕DRM范式中的错误记忆及其产生机制所展开的系列研究的目的不是为了加深对可能存在的两种错误记忆类型的区分,更不是为了分离或割裂开对不同研究范式下研究结果的推论,而是为了在未来能够揭示所有这些不同之处背后的共同的、最一般的机制,对错误记忆这一不断给人以惊奇的现象的本质做出最令人满意的揭示。

错误记忆

4.4 错误记忆的脑机制

在 Roediger 和 McDermott(1995)对 DRM 范式中错误记忆的研究中发现,被试在产生对关键诱饵的较高错误记忆的同时,还伴随着强烈的主观体验,在 R/K 判断中,他们对关键诱饵给出了与学过项目一样多的 R 判断,说明他们认为自己清楚地"记得"这些实际上并没有呈现过的关键诱饵。后来的许多研究也有同样的发现,被试有时会对自己的错误判断表现出高度的自信。错误记忆产生过程中所伴随着的与真实记忆相似的主观体验,促使研究者们去思考错误记忆与正确记忆是否具有相同的神经基础,而对错误记忆研究的不断深入也使得进一步揭示其脑机制成为当前该领域研究的重要趋势。

目前对错误记忆的脑机制研究已取得了相当的进展。近十多年来随着正电子发射断层扫描成像(PET)、功能性核磁共振成像(fMRI)等技术的发展,除了对错误记忆的行为表现进行研究外,研究者还可以对错误记忆的神经基础进行探索。认知神经科学领域用以分析错误记忆的方法有:神经成像、电生理和神经心理学。一些研究使用功能性神经成像技术(如 PET 和 fMRI)来确认与错误记忆和正确记忆相关的特定脑区;也有研究使用事件相关电位(ERPs)技术测量与正确记忆和错误记忆相关的电生理活动。目前,已有研究对错误记忆的神经机制已形成了一些较有解释力的理论假设。现有研究主要围绕以下几方面展开,即:与正确记忆相比,错误记忆是否具有不同的神经活动模式,抑或具有独特的神经基础?是否有特定的脑区在监测或降低错误记忆上起作用?

4.4.1 错误记忆与正确记忆的神经基础相似性

早期针对病人的研究发现,内侧颞叶(medial temporal lope, MTL)损伤的患者会表现出低水平的错误再认（Nyberg, McIntosh, Houle, Nilsson, & Tulving, 1996; Schacter Verfaellie, Pradere, 1996a）。由此，Schacter等假设错误再认与正确再认一样与内侧颞叶结构有关。Schacter和Reiman等（1996）采用PET对此假设进行了研究，结果发现在对关键诱饵作出"旧的"错误再认判断的过程中，伴随着与对学过项目的正确判断相同的内侧颞叶区的血流量增加；同时他们还发现，正确再认与错误再认对应的神经活动非常相似，包括内侧颞叶在内，二者均与背外侧/前额叶、内侧顶叶的血流量增加相联系；但在对学过项目的正确再认中还伴随着与听觉—音位加工有关的左侧颞顶区血流量的增加，这是因为在学习阶段词表的听觉呈现使得学过项目具有更多的感觉细节（即听觉信息）。该结果说明错误记忆与正确记忆的神经基础可能相似，但有些情况下又存在区别。

由于Schacter和Reiman等（1996）的研究中测验项目（包括学过项目、关键诱饵、无关项目）是分组呈现的，而非通常DRM范式研究中所使用的所有测验项目随机呈现，因而Schacter等（1997）使用事件相关功能性磁共振成像技术（event-related fMRI），对测验时项目分组呈现与随机呈现的结果之间是否存在差异进行了比较。结果发现了与PET实验相似的结果，即正确再认与错误再认表现出相同的脑活动模式，并没有哪个脑区表现出正确再认比错误再认有更大的活动性。在正确再认和错误再认过程中，前扣带皮层、运动/前运动皮层、内侧和外侧顶叶皮层、双侧前额叶、双侧额叶鳃皮层、海马/海马旁回、纹状体和条纹视觉皮层得到了激活。Johnson等（1997）使用ERPs获得了相似的结果，发现当对学过项目作出"旧的"反应时，侧面前额的激活要比对关键诱饵做出同样反应时更大，但这种差异仅仅存在于当测验项目是根据项目类型分组呈现的条件下，而当采用通常DRM范式中的随机呈现时，该差异消失。

上述研究中并没有对单个ERP成分进行分析，而是根据刺激后时间间

错误记忆

隔将全部记录点分成"早的"(50—775 ms)和"晚的"(775—1 500 ms)两部分而分析了其平均幅度,这与传统 ERP 研究不符(Miller, Baratta, Wynveen, & Rosenfeld, 2001)。因此,Miller 等(2001)采用 ERPs 技术对错误再认和正确再认的差别重新进行了研究,并对 ERP 中的单个成分(P300)进行了分析,结果发现在 P300 的幅度和局部解剖上,对学过项目的正确再认与对关键项目的错误再认之间不存在差别,但错误再认的 P300 潜伏期较短。上述早期对错误记忆提取阶段神经基础的研究表明错误再认和正确再认的神经生理过程存在相似性。

4.4.2 错误记忆与正确记忆的神经基础差异性

4.4.2.1 正确记忆的感觉再激活假设

近年来使用 ERP 和 fMRI 技术进行的神经成像研究发现,在一些实验条件下,错误记忆与正确记忆在神经基础上可表现出差异(Schacter, Chamberlain, Gaesser, & Gerlach, 2011)。如前所述,Schacter 和 Remain 等(1996)采用 DRM 范式,运用 PET 对基于提取阶段的错误记忆进行了考察,在学习阶段用声音呈现多个学习词表,测验阶段则分别呈现学过项目组成的词表、关键诱饵词表和无关项目词表。研究结果除了发现二者大量相同的神经电活动外,还首次发现了正确记忆在左颞顶叶(left temporo-parietal cortex)比错误记忆有更大的激活。左颞顶叶与听觉加工和记忆有关,由于实验过程中学习项目是听觉呈现的,Schacter 等认为学习阶段词表的听觉呈现使得学过项目具有更多的感知觉细节(即听觉信息),而关键诱饵则不具备这些细节信息。

记忆编码时促进目标材料的知觉加工可以扩大正确再认与错误再认二者间的差异(Schacter, Israel, & Racine, 1999)。为了产生更强的知觉编码,Cabeza 等(2001)沿袭了 Schacter 和 Remain 等(1996)的研究范式,在学习阶段呈现的 DRM 词表一半由男声播放,一半由女声播放,被试在学习编码阶段不仅要记住 DRM 学习词表,还要记住呈现词表的声音是男声还是女声。这样一来,被试对学习项目的编码中包含了听觉和声音来源双重编码。该研究结果发现,正确再认在与背景信息加工有关的海马旁回(parahippocampal gyrus,位于内侧颞叶)有更强的激活;在与声音加工有关的左顶叶皮层(left parietal cortex),正确记忆也比错误记忆的神经电活动更强烈。后一结果与 Schacter 和 Remain 等(1996)的结果一致,验证了听觉呈现的学习项目在提取阶段会引发听觉加工区域的激活。海马旁回的激活则是因为学习阶段被试对学习项目进行了背景来源编码。

在对听觉通道的错误记忆提取进行了研究后,研究者对视觉通道也进行了探索。Slotnick 和 Schacter(2004)采用图形为目标刺激,实验按照类似 DRM 范式的实验步骤进行。学习阶段向被试呈现一系列的不规则图形,这些图形全部由原型图形(prototype)演化而来。原型图形相当于 DRM 范式中的关键诱饵。在测验阶段,要求被试对学习过的图形、原型图形和不相关图形进行再认,在被试再认时进行 fMRI 扫描。行为数据结果表明,与标准 DRM 范式相同,被试形成了对原型图形高水平的错误再认。神经成像数据结果表明,在与定位和颜色等视觉加工有关的初级视觉皮层(primary visual cortex;BA17/18),正确记忆比错误记忆有更高水平的激活;而在负责高级视觉加工的枕颞叶皮层(occipito-temporal cortex;BA19/37),正确记忆与错误记忆的激活无显著差异。Slotnick 和 Schacter 认为,学习阶段由于被试对刺激的视觉特征进行了编码,测验阶段被试对学过图形的提取会再次激活学过项目的视觉信息,在脑区活动上表现为初级视皮层的激活;而高级视皮层在提取阶段并未得到激活,说明提取阶段再次激活的信息是在感知觉加工层面。Okada 和 Stark(2003)让被试在学习阶段观看图片或者想象图片,再认测验阶段扫描被试的脑电活动,结果也发现,被试对看过图片的

错误记忆

正确记忆相比错误记忆在初级视觉皮层的激活更为强烈。

Schacter等(2011)结合以上研究成果提出了关于错误记忆提取阶段的感觉再激活假设(sensory reactivation hypothesis)。该理论认为,与错误记忆相比,真实记忆的提取伴随着更多感觉、知觉细节,这些细节反映了真实记忆的提取过程中存在感知觉编码加工过程的再激活,而错误记忆提取时则不存在此过程。

使用错误记忆的其他研究范式所进行的研究也支持了感觉再激活假设。Stark、Okado和Loftus(2010)采用误导信息干扰范式对错误记忆和正确记忆的神经基础进行了比较。研究中首先向被试呈现系列事件片段(其中包含一定数量的关键信息);一天后,被试会先听一段误导信息,使他们相信自己听到的信息就是前一天看到的片段的准确描述;15分钟后,向被试呈现一些有关描述,要求被试就其在前一天是否发生过进行再认判断,判断的同时进行fMRI扫描。功能成像结果显示,与错误记忆相比,正确记忆与更强的早期视觉皮层激活相联系(BA17/18),包括纹状皮质(striate cortex)的激活,左顶叶小叶(left inferior parietal lobule,BA40)和左扣带皮层、前扣带皮层亦有更强的激活。早期视觉皮层的激活与Slotnick和Schacter(2004)的发现一致,说明学习阶段呈现视觉刺激的话,在对这些信息的提取时会再激活视觉加工皮层。

Atkins和Reuter-Lorenz(2010)采用ST-DRM范式,对短时正确记忆和错误记忆进行了研究。在其研究中学习词表通过视觉呈现,且仅包含4个单词,学习阶段结束3 s后立即进入再认测验。结果发现,再认阶段正确再认与下列脑区的活动增强相联系,包括左尾壳核(left putamen)/海马旁回、左梭状回(left fusiform gyrus)和右侧腹侧前额叶(ventra-lateral prefrontal cortex)。内侧颞叶区域中的左海马旁回的激活分离出了正确再认与错误再认,感觉再激活假设在短时错误记忆范式中也得到了支持。

4.4.2.2 错误记忆的特异性脑区：前额叶

由上述研究可知，正确记忆相比错误记忆在某些特定脑区表现出更高水平的激活，但另一方面，研究者也发现错误记忆相比正确记忆可能存在独特的神经电活动。目前对错误记忆特异性脑区的研究主要集中在与激活/监测过程联系紧密的前额叶（frontal lobe）。再认过程通常伴随着与监测有关的前额叶中多个亚区的激活（Dobbins, Foley, Schacter, & Wagner, 2002; Dobbins, Rice, Wagner, & Schacter, 2003），因此在对提取阶段错误记忆的神经机制进行探索时，研究者们重点关注了前额叶。

Wilding 和 Rugg（1996）运用电生理技术记录到了右前额叶在来源监测任务提取时延迟 2 s 左右的激活，说明前额叶与记忆提取阶段的监测过程有关。Schacter 等（1997）运用 fMRI 对记忆提取阶段进行研究时发现，测验项目分组呈现时，右前额叶的激活比提取阶段其他脑区的激活延迟了 4 s 左右。由于前额叶的活动在再认判断完成后才达到峰值，其激活更可能与后期对提取产物及再认判断的评价和监测有关。

前面回顾的文献中有部分研究也报告了前额叶在错误再认时比正确再认有更强的激活。例如，Schacter 和 Remain 等（1996）报告了背侧/前侧的前额叶皮层在错误再认中可表现出比正确再认更大的激活，这可能反映了对关键诱饵所导致的强烈熟悉感的评估或监测的需要。Cabeza 等（2001）对声音通道错误记忆的研究，以及 Slotnick 与 Schacter（2004）对视觉通道错误记忆的研究均报告了错误再认时右前额叶皮层有更强的神经电活动。可见，无论在听觉通道还是视觉通道，错误记忆均被发现在特定的脑区存在比正确记忆更强的激活，具备一定的脑区特异性。

ERP 研究也获得了类似的结果。Curran 等（2001）依据辨别力把被试分成"表现好"和"表现差"两类，对所有被试在 DRM 词表再认阶段的 ERP 电位进行分析后发现，在 1 000—1 500 ms 时右侧额叶产生事件相关电位，

错误记忆

并且仅针对学过项目和关键诱饵,而非未学过的无关项目。Goldmann 等(2003)在实验中让被试学习一系列图片,随后让被试对学过图片、关联图片和无关图片进行再认判断,实验过程中对被试的 ERP 电位进行记录,结果在额叶记录到了错误再认时比正确再认有更大的晚电位。Berkers(2017)使用经颅磁刺激(transcranial magnetic stimulation,TMS)的研究也发现,如果在被试进行 DRM 任务前短暂阻断内侧前额叶(medial prefrontal cortex,mPFC)的活动,可观察到被试对关键诱饵的错误回忆率显著下降。

上述研究均发现,在错误记忆提取时前额叶具有重要作用,研究者对此作了不同的解释。其中一种观点沿袭了众多关于一般再认过程中对前额叶激活的解释,认为前额叶的激活反映了提取时的监测加工过程;另一种观点认为,由于额叶与概念或语义加工有关,因此在错误再认时被激活。Garoff-Eaton、Kensinger 和 Schacter(2007)对语义关联错误记忆和知觉错误记忆——来源于物理相似性的错误记忆进行了对比,结果发现相比正确记忆,前额叶皮层中多个区域(BA6/8/9/44/45/46/47)在语义关联错误记忆中被激活,但这些区域未在知觉错误记忆中激活。Garoff-Eaton 等认为,前额叶中的区域应与概念或语义加工有关,而非提取后的监测过程,否则前额叶也应当在知觉线索导致的错误记忆中得到激活。

此外,并非所有的错误再认共享同一神经机制。研究者发现,不同类型的错误再认将激活不同的脑区。Garoff-Eaton、Slotnick 和 Schacter(2006)在实验中使用类似 Slotnick 和 Schacter(2004)的图形原型范式,结果发现被试对与学过项目相关联的图形的错误再认激活了前额叶、顶叶和内侧颞叶区域,而无关图形的错误再认激活的是负责语言加工的远颞区域。这些结果表明,错误再认并不是一个统一的现象,关键诱饵和无关项目的错误记忆可能反映了两个不同的认知神经加工过程。

4.4.3 错误记忆的脑机制未来研究展望

新近一项对有关错误记忆的 fMRI 研究所进行的元分析（Kurkela & Dennis，2016）指出，与错误记忆提取阶段紧密相关的脑区包括：中部额上回（medial superior frontal gyrus）、左侧中央前回（left precentral gyrus）、左下顶叶（left inferior parietal cortex）等，而与错误记忆编码阶段有关的脑区包括左颞中回（left middle temporal gyrus）和前扣带皮层（anterior cingulate cortex）。这使我们向着理解错误记忆的脑机制的方向朝前迈进了一步，但有关该主题的研究还有很多方面有待未来更深入推进。

首先，记忆的双加工理论（Yonelinas，2002）指出，再认记忆包括两种提取成分：回想和熟悉性，前者指基于特定细节的提取过程，后者指基于一种熟悉感但不能提取出细节的过程。虽然有研究显示，大部分的错误记忆是由熟悉感调节，行为证据表明有一些错误记忆具备回想成分相关的项目特异性细节特征（Geraci & McCabe，2006；Payne 等，1996）。错误记忆的回忆成分的神经基础与正确记忆是否存在差异？Dennis、Bowman 和 Vandekar（2012）对正确再认和错误再认的回忆成分的神经基础进行初步研究发现，正确记忆的回忆成分在右海马和早期视皮层有更强的活动，而错误记忆的回忆成分没有在任何区域表现出更强的活动。Slotnick 和 Schacter（2004）认为，正确再认比错误再认在早期视觉皮层有更大的激活是因为正确再认中存在视觉再激活过程，结合 Dennis 等的发现，这一感觉再激活过程是否体现了正确记忆和错误记忆的回忆成分的差异？二者熟悉性成分的神经基础是类似抑或不同？已有神经成像研究大多数聚焦于整个错误再认加工过程的神经基础，正确记忆与错误记忆的熟悉性成分和回想成分的神经基础差异是进一步的研究方向。

其次，正确记忆相比错误记忆在某些脑区有更强的神经电活动，但对于这些脑电活动是属于意识还是无意识层面需要进一步的研究。如果这些脑

错误记忆

电活动能够被被试所觉察到，那么被试是否可以根据脑电活动有意识地减少错误记忆呢？Slotnick 和 Schacter（2006）认为感觉再激活的区域为被试所觉察不到，是无意识的或内隐的。他们在无意识启动任务条件下，观察到了正确记忆提取阶段存在早期视觉皮层（BA17 与 BA18）的激活，提示其活动为无意识层面。然而，许多研究发现，学习阶段之前告知被试有关错误记忆效应的知识并要求被试尽量避免再认出关键诱饵可以有效地减少错误记忆（Gallo, Roediger, & MeDermott, 2001; McDermott & Roediger, 1998; Neuschatz, Payne, Umpinen, & Toglia, 2001; Watson, MeDemrott, & Balota, 2004）。无论预警指导语呈现在学习阶段开始之前还是之后，年轻被试都能够通过预警而有效地降低后来对关键诱饵的错误再认（McCabe & Smith, 2002）。这些研究结果提示，正确记忆和错误记忆的神经基础可能存在着可被意识觉察的成分，不一定是"全"或"无"的意识状态。这一主题仍需要研究者进一步研究。

再次，大量研究验证了情绪对错误记忆的影响，情绪性项目对错误记忆的促进作用在积极和消极情绪效价中均有发现（Brainerd, Stein, Silveira, Rohenkohl, & Reyna, 2008; Howe, 2007; Storebeck & Clore, 2005）。杏仁核与情绪加工密切相关，例如双侧杏仁核损伤会降低被试对情绪性项目的记忆优势。健康被试对情绪性项目进行编码时，其杏仁核的活动相比中性项目更强。也有证据表明，杏仁核能够调节内侧颞叶其他脑区以及前额叶的活动（Dolcos & McCarthy, 2006; Kilpatrick & Cahill, 2003; Sharot, Verfaellie, & Yonelinas, 2007）。杏仁核如何调节这些脑区形成错误记忆也是值得研究者们关注的热点之一。

最后，也有研究者通过考察不同年龄段的错误记忆的神经基础来揭示错误记忆的神经发展特征。已有行为研究普遍发现，错误记忆效应会随年龄的增加而增强。探究与儿童（8岁、12岁）和成人正确再认和错误再认相关的大脑区域活动发展变化的研究发现,内侧颞叶、额叶和顶叶的共变可能是儿童和青少年正确再认和错误再认的发展基础(Paz-Alonso, Ghetti, Donohue, Goodman, & Bunge, 2008)。在另一项研究中,Giovanello等(2010)让年轻和老年被试学习一系列合成词(如blackmail、jailbird),发现被试往往会把blackbird这种各部分都出现过但本身没有学过的词(联合诱饵)错误再认为"旧的"。对被试进行fMRI扫描发现,右前海马回的活动可以区分年轻人的正确再认和联合诱饵错误再认,而老年人由于海马功能减退则没有表现出区别,Giovanello等认为,海马可能与项目间的联合与提取有关。Duarte、Graham和Henson(2010)认为老年人表现出更多的错误虚报率是由于他们比年轻人更难区分正确再认(hits)与错误再认(false alarms)的神经信号。可见,对于错误记忆在神经层面是如何发展形成的,研究者目前还知之甚少,这也是未来研究的一个主要方向。

第五章
错误记忆易感性的个体差异

我们一次又一次地验证了记忆不必然就等于事实。
——Elizabeth F. Loftus

错误记忆

使用不同范式对成人的错误记忆现象所进行的大量研究,在揭示了强大的错误记忆效应的一般特征及其产生机制的同时,也向我们提出了新的问题:不同的个体是否存在着对错误记忆的易感性的差异?

对于错误记忆中可能存在的个体差异,可以从三个方面来进行回答。首先,这种人类记忆中普遍存在的扭曲现象是否跟正确记忆或其他认知过程一样也存在着发展的趋势,也就是年龄差异对错误记忆是否存在影响;其次,不同特点的个体对错误记忆的易感性是否有差别;最后,具有不同临床疾病(如遗忘症、早老性痴呆、精神分裂症等)患者的错误记忆与正确记忆模式是否相同。

5.1 错误记忆易感性的年龄差异

很多研究均发现了与年龄有关的错误记忆的变化,Brainerd 和 Reyna(1998)也曾指出,在 DRM 范式中,儿童和成人都很容易错误地再认出那些与学习材料存在语义联想的项目。在误导信息干扰范式下,过去 40 余年的研究也在从婴儿到老年人的所有人群上都发现了误导信息所导致的错误记忆(Frenda, Nichols, & Loftus, 2011; Loftus, 2005)。这些研究结果都突显出对错误记忆的发展趋势进行研究的必要性。现有关于错误记忆的发展性研究主要集中在两个方面:首先,与成人相比,儿童是否更容易产生对关键诱饵的错误记忆;其次,与年轻人相比,老年人对关键诱饵的错误记忆会呈现出怎样的变化。围绕这两方面展开的研究将为我们揭示出错误记忆的发展规律。

5.1.1 儿童的错误记忆

目前有关儿童的错误记忆研究已积累了相当数量的成果,尽管现有研究结果之间尚存在差异,但它们已经叩开了探索错误记忆的早期发展规律的大门。

5.1.1.1 错误记忆的发展性逆转

错误记忆的发展性逆转(developmental reversal)是指在一定条件下,错误记忆会随着儿童年龄的增长而增长的现象(Brainerd, 2013; Brainerd, Holliday, Reyna, Yang, & Toglia, 2010; Brainerd & Reyna, 2012; Brainerd, Reyna, & Ceci, 2008; Brainerd, Reyna, & Forrest, 2002; Dewhurst & Robinson, 2004; Holliday & Weekes, 2006; Holliday, Brainerd, & Reyna, 2011; Howe, 2005; Howe, Cicchetti, Toth, & Cerrito, 2004; Metzger, Warren, Shelton, Price, Reed, Williams, 2008; Swannell & Dewhurst, 2012),该现象在很多使用DRM范式所进行的发展性研究中都得到了发现。

Brainerd、Reyna和Forrest(2002)使用DRM范式对幼儿园儿童、6年级学生和大学生被试的错误记忆发展特点进行了比较,以考察错误记忆是否更容易发生在儿童身上。结果发现,儿童的错误记忆接近地板水平,青春前期被试(6年级)的错误记忆水平也很低。从数据中可以看出,儿童对关键诱饵的错误回忆率极低,甚至对于可以导致64%的较高错误回忆率的词表(见Stadler, Roediger, & McDermott, 1999),幼儿园儿童的平均错误回忆率也只有9%。与之相反,具有更高回忆可能性的词表却提高了成人被试对关键诱饵的错误回忆率,而不影响其正确回忆率。Brainerd等认为,儿童所表现出来的低水平的错误回忆可能是由于他们没能够获得关于词表项目的要点知识(即一般语义信息)。而且,尽管儿童在错误回忆和错误再认水平上均低于青春前期被试和大学生被试,但回忆与再认的表现模式有所不同,表现为从儿童到青春前期,被试的正确回忆水平都超过错误回忆水平,但正确再认水平与错误再认水平则大致相等,因此,虽然他们的错误再

错误记忆

认水平低于成人被试，但其总体正确性并不比成人好。此外，从 5 岁到 7 岁，儿童的错误回忆水平没有表现出显著的增长，但到了青春前期则表现出增长的趋势。

其他研究也发现，与成人相比，儿童在指向性遗忘条件下可以更有效地抑制对关键诱饵的错误回忆（Howe，2005）；儿童对以词语形式呈现的类别词表和 DRM 词表的错误回忆也表现出随年龄的增长效应（Howe，2006）；儿童（5 岁、7 岁、11 岁）对关键诱饵的虚报率在负性情绪词表上比中性词表更高，而且情绪词表并没有抑制错误记忆随年龄的增长的表现（Howe，2007）；而且，年龄较长儿童（9 岁、11 岁）的错误再认水平会受到测验引发的启动（TIP 效应）的影响而提高，但年龄较小儿童（5 岁、7 岁）则不会表现出 TIP 效应。Brainerd 等（2008）对部分已有关于错误记忆发展性特点的实验研究进行了元分析，进一步发现从儿童早期到成年早期，错误记忆会随着年龄增长而提升。

上述研究均证明了错误记忆的发展性逆转是规律性的，且稳定地发生在使用语义关联词表所进行的研究中。但一些使用语音关联词表的研究却发现了相反的模式。Dewhurst 和 Robinson（2004）向不同年龄的儿童（5 岁、8 岁、11 岁）呈现语音关联词表，词表中的学习项目之间均存在语音相关，结果发现与年长儿童相比，5 岁儿童表现出对语音关联词表的更高水平的错误回忆，说明年幼儿童是根据词表项目之间的语音相似性来建立联系的；同时，在语义关联词表上，研究者发现了错误记忆的发展性逆转，即儿童随着年龄增长会表现出更多的语义错误回忆，说明年长儿童首先以语义特征为根据建立联系。Holliday 和 Weeks（2006）的研究也获得了类似的结果。针对语音关联词表和语义关联词表上的不同发现，Swannell 和 Dewhurst（2012）指出，先前研究中所使用的语音关联词表并未像标准 DRM 词表中那样都与某个特定的关键诱饵具有语音相似性，即可能是词表结构的差异导致了研究结果的不同。因此,他们在研究中针对词表结构进行了修正,结果发现当语音关联词表中的学习项目都指向同一个关键诱饵时,同样可观察到与 DRM 语义关联词表中类似的发展性逆转趋势。

前述研究所使用的语义关联词表均为 Roediger 和 McDermott(1995)所发展出来的词表,都是基于成人被试对关键诱饵进行自由联想而生成的。Metzger 等(2008)指出,标准的 DRM 词表反映的是成人的语义网络,也许儿童的语义网络表征与其不同,也就是说,可让成人产生联想激活的词表项目也许并不能让儿童产生同样的语义联想,这可能是在先前研究中儿童的错误回忆和错误再认都显著低于成人的原因。因此,Metzger 等(2008)以及 Anastasi 和 Rhodes(2008)以不同年龄段的儿童为被试,编制了专门的儿童 DRM 词表并考察了 DRM 词表因素对错误记忆发展趋势的影响,得到了不同的研究结果。Metzger 等(2008)发现,相较于学习成人词表,各个年龄组被试在学习儿童词表后的正确回忆都有不同程度的提高,且儿童词表削弱了成人的错误再认率。但 Anastasi 和 Rhodes(2008)发现虽然儿童词表提高了儿童的正确回忆水平,却并没有提高他们的错误回忆水平,儿童的错误回忆仍低于年长被试,说明儿童并没有显示出与成人不同的语义网络结构。另一方面,Otgaar、Smeets 和 Peters(2012)研究了 7—9 岁儿童对于事件的错误记忆,他们在事件中加入了额外的故事脚本,验证了与事件相关的知识会促进发展孩子的植入性错误记忆,即当被提供额外的脚本知识后,儿童更容易生成一个虚假的记忆。尽管现有研究中还有一些差异性的结果有待进一步研究的证实,但这些研究结果都揭示了儿童的错误记忆效应大小会受到多种因素的影响,其中,那些能引发更多联想的操作是至关重要的。

对错误记忆的发展性逆转效应所进行的研究具有重要的理论意义和现实意义。一方面,在理论上,错误记忆的发展性逆转效应将研究者们的视角从单纯抽象的错误记忆的认知机制上扩展到与个体差异相关的加工过程

错误记忆

上,对儿童和成人在记忆编码、保持和提取过程中可能存在差异的探索可为揭示错误记忆的产生原因提供一个新的视角。另一方面,在实践上,错误记忆的发展性逆转效应也在很大程度上挑战了原本人们所认为的儿童目击证词会因其更容易受错误记忆的影响而不如成人准确的观点,进一步为儿童目击证词的可靠性提供了重要的理论依据。

5.1.1.2 发展性逆转的理论解释

上述研究都发现了错误记忆的发展性逆转现象的存在,也就是说,年幼的儿童相较于年长的儿童或成人而言,产生的错误记忆更少。该现象可以用模糊痕迹理论或联想激活理论解释。

根据模糊痕迹理论,记忆表征可分为字面痕迹和要点痕迹,如果记忆提取是基于要点痕迹,则会导致错误记忆的发生。从童年到成年期,字面记忆和要点记忆的获得、保持和提取都会逐步增长,其中,个体对意义的加工以及对不同项目进行意义联系的能力都会提升,进而导致要点记忆能力的提高。对于较小的儿童而言,他们提取词语要点痕迹的能力以及形成项目间意义联系的能力都没有很好地形成,因此不会对语义相关材料产生与成人一样强的错误记忆效应。但随着年龄增长,儿童连接词语意义的能力逐步发展起来,也拥有越来越强的基于要点记忆的能力,这最终导致了高水平的错误记忆。

根据联想激活理论,错误记忆的产生源自由概念网络所组成的个体知识体系和自动化的联想激活过程,概念之间联想的强度、数量和自动化程度都会影响错误记忆效应。对于较小的儿童而言,他们在概念之间建立联想或关联的能力较弱,联想激活的自动化程度也不高,因此主动联想是其产生错误记忆的主要来源。但是随着年龄的增长,儿童建立概念间联想或关联的能力会随学习和经验而提升,他们的知识体系会不断完善,其中的概念或节点被激活的自动化程度越来越高,进而带来更大的错误记忆。

尽管上述两种理论在解释儿童错误记忆的发展性逆转现象上尚存争

论,但均有相应的实验研究证据支持,因此成为当前解释儿童错误记忆发展特征的两个最主要的理论模型。

5.1.2 错误记忆的老化效应

随着年龄增长,人的认知功能如信息加工速度、执行功能、注意力、记忆等会表现出逐渐衰退的趋势(李婷 & 李春波,2013;Drag & Bieliauskas,2010;Salthouse,2004)。已有关于老化记忆(aging memory)的研究发现,与年轻人相比,老年人对学习过的项目会有低水平的正确回忆和再认,但他们对没有学习过的项目的错误回忆和错误再认水平却与年轻人相同甚至更高(Dennis, Kim, & Debeza, 2008; Koutstaal & Schacter, 1997; Norman & Schacter, 1997; Tun, Wingfield, Rosen, & Blanchard, 1998; Watson, Balota, & Sergent-Marshall, 2001),表现为比年轻人更容易受到错误记忆的影响。这种老年人比年轻人更容易产生错误记忆的现象,被称为错误记忆的老化效应。

5.1.2.1 典型的错误记忆老化效应

使用错误记忆的经典 DRM 范式所进行的研究发现,老年人通常不仅表现出典型的错误记忆的老化效应,而且,一些可以显著降低年轻人错误记忆的操纵在老年人身上也无明显效应。Benjamin(2001)发现,重复学习可以有效地降低年轻被试对关键诱饵的错误再认,但却提高了老年被试的错误再认。Kensinger 和 Schacter(1999)也发现,尽管进行多次重复学习与测验,老年人依然无法像年轻人一样成功地抑制错误记忆。更进一步地,Watson、McDermott 和 Balota(2004)在研究中同时考察了重复学习—测验和预警对老年人和年轻人错误记忆的影响,结果发现预警可显著降低年轻人在多次学习—测验中的错误回忆,但仅降低了老年人在第一次学习—测验中的错误回忆,说明老年人在自发地进行来源监测上存在障碍。

Loftus 和 Palmer(1974)在实验室中通过向被试提出包含误导性信息

错误记忆

的问题进行研究发现,接受误导问题的被试更倾向于给出含有错误导向内容的答案,从而扭曲其对刚刚看过的短视频中原事件信息的正确记忆。这种误导信息干扰范式下产生的错误记忆非常牢固,即使被试察觉到实验人员在有意误导,也很难避免误导信息损害原有记忆。该范式下的研究发现,相比于年轻人,老年人更容易混淆信息的来源,且更容易受到干扰信息的误导。郭秀艳、张敬敏、朱磊和李荆广(2007)的研究中让老年人与年轻人观看某事件相关的幻灯片,间隔48小时后,让被试阅读一段对所看事件有误导性信息描述的文字材料,并对原有事件信息进行再认测试,实验结果发现,老年人在再认中比年轻人出现了更多的错误记忆,且对其再认反应伴随与年轻人一样的高水平自信心,说明老年被试比年轻被试更易受误导信息的影响。

5.1.2.2 老年人的想象膨胀效应

现有研究在DRM范式和误导信息干扰范式下都发现了典型的错误记忆老化效应,但是在错误记忆的另一个经典研究范式——想象膨胀范式下,研究者却发现了完全不同的结果。如第二章中所阐述的,标准的想象膨胀实验通常先要求被试填写一份LEI量表,让其对列表上事件发生的可能性进行等级评分;两周后,要求被试对其中的部分目标事件场景进行想象,并最终重新填写LEI量表。结果发现,想象后目标事件发生可能性的评分会显著高于第一次,也就是想象过程让被试认为同一事件发生的可能性增加,进而产生了想象膨胀效应。Pezdek和Eddy(2001)采用经典的想象膨胀范式,在相同的情境下比较了老年人和年轻人的错误记忆效应,结果发现老年人和年轻人均产生了想象膨胀错误记忆,但两者的错误记忆效应量并无显著性差异。想象膨胀范式中并没有像其他范式中那样发现典型的错误记忆的老化效应,该现象还需要进一步研究的考察,同时也提示,来源监测理论不能解释所有条件下的错误记忆的老化效应,而想象膨胀范式下错误记忆的产生机制可能与其他范式下有所不同。

标准的想象膨胀范式有两个重要特点：其一，实验中被试对事件情景的想象是想象膨胀的中心环节，通过想象补充细节，增加对事件的熟悉感，使被试在第二次量表评分时无法区分某特定事件更可能是童年发生过，还是仅为想象环节的产物，进而导致想象膨胀效应的发生。其二，LEI量表所涉及的内容均为生活事件，具有很强的情景性，被试在量表评分和想象环节中需要分别提取或想象一段包含情景性细节的事件以完成评分或想象。也就是说，该过程既需要情景记忆的参与，也涉及对情景事件的想象。

正常的老化通常会涉及情景记忆的多方面衰退，使用词表和关联材料的实验研究证明了这种缺陷的存在。有关日常经验的自传体记忆也发现，与年轻人相比，老年人会表现出对过去经验的更少的具体记忆。Levine、Svoboda、Winocur 和 Moscovitch(2002)使用自传体访谈方法对老年人和年轻人回忆过去的特点进行了研究，研究中要求他们回忆过去经历的个人事件，并将其回忆出的个人事件内容区分为两种不同的细节类型：内部（情景）细节和外部（语义）细节。其中，内部细节包括被提取经验的"事件核心"：关于人物、事件内容、地点和时间的具体信息；而外部细节包括相关的事实、详述或提及其他事件。结果发现，与年轻人相比，老年人会生成较少的内部细节和较多的外部细节。更进一步地，许多研究还发现，老年人在想象未来事件与其回忆过去时的特点相似，也会产生比年轻人更少的内部细节和更多的外部细节（Addis, Musicaro, Pan, & Schacter, 2010; Addis, Wong, & Schacter, 2008; Gaesser, Sacchetti, Addis, & Schacter, 2011）。换句话说，正常的老化不仅会带来情景记忆的衰退，同时也会伴随想象未来的缺陷。

想象膨胀效应揭示了人们对过去可能发生事件的想象会引发错误记忆。想象未来与想象过去在时间指向上虽有不同，但其内在过程却基本一致。据此可推断，老年人在对情景事件的回忆和想象上所表现出来的上述特点，可能会导致其在想象膨胀范式下无法像年轻人一样顺利完成想象环

错误记忆

节,进而无法引发想象膨胀错误记忆的老化效应。

周楚等(2018)的研究考察了想象膨胀范式下究竟是否会出现错误记忆的老化效应这一问题。实验一沿用经典想象膨胀范式,但选择目标事件时,在 Pezdek 和 Eddy(2001)研究的基础上,将事件在童年发生的合理性这一因素纳入考虑,以排除事件合理性可能带来的影响和混淆。在 Pezdek 和 Eddy(2001)的研究所使用的目标事件中,某些事件在被试 10 岁之前发生的合理性对于老年人和年轻人存在极大的差异,例如:目标事件"在停车场捡到 10 美元"对年轻被试(平均年龄 20.9 岁)来说,在 10 岁之前(大约 1988 年)发生是符合情理的,但对于老年被试(平均年龄 75.7 岁)来说在 10 岁之前(大约 1933 年)发生却是极其罕见的,这种差异可能会给老年人的回忆和想象过程带来困难。所以,实验一将通过选择对年轻人和老年人被试同等合理性的目标事件,在更严格控制的实验条件下,对比两组被试的错误记忆效应,考察老年人是否会产生比年轻人更大的想象膨胀错误记忆。更进一步地,实验二引入情景特异性诱导技术(episodic specificity induction),直接考察老年人的想象膨胀错误记忆可能的认知机制。

情景特异性诱导最早由 Madore、Gaesser 和 Schacter(2014)提出,他们让被试在接受回忆、想象和描述任务之前,先接受情景特异性诱导,引导其生成内部(情景)细节,结果证实情景特异性诱导能选择性地增加两个年龄组被试有关记忆和想象的内部细节,而非外部细节,同时诱导条件并不影响图片描述任务的内部和外部细节,揭示了涉及记忆和想象的情景加工与涉及图片描述的非情景加工是具有分离性的。其后有很多研究均证实了情景特异性诱导可以有选择性地增加被试在回忆或想象中的内部(情景)细节数量而非外部细节(Jing, Madore, & Schacter, 2016; Madore & Schacter, 2016; Madore, Szpunar, Addis, & Schacter, 2016)。因此,周楚等(2018)的实验二中比较了情景特异性诱导组与控制性诱导组老年被试所产生的想象膨胀效应量上的差异,并假设经过情景特异性诱导的老年人在对目标事件的想象环节可显著增加内部细节,进而比接受控制性诱导的老年人产生更多的想象膨胀错误记忆。

最终研究结果发现:(1)老年人与年轻人均表现出显著的想象膨胀错误记忆,但老年人并没有比年轻人产生更多的错误记忆;(2)当通过情景特异性诱导技术有效增加了老年人在事件想象过程中的内在细节数量后,老年人的错误记忆显著上升。该结果揭示对事件情景的想象过程是想象膨胀错误记忆发生的关键环节,老年人没有表现出明显的老化效应,主要是由于该群体随年龄增长表现出在回忆/想象情景事件时内部细节缺乏这一特征。该研究结果支持了建构性情景模拟假说和激活/监测理论。

5.1.2.3 错误记忆的老化效应机制

在上述使用 DRM 范式、误导信息干扰范式等错误记忆研究范式的研究中,均已发现并证实了错误记忆的老化效应。对于老年人表现出如此强大的错误记忆效应的原因,许多研究者提出了各自的观点。

根据来源监测理论(Johnson, Hashtroudi, & Lindsay, 1993),人们对过去经验的记忆中包含了对信息来源的判断,来源监测则是在对记忆、知识和信念的来源进行归因过程中的一系列加工过程。来源监测的准确性受到很多因素的影响,对记忆的各种定性特征的编码情境的破坏(如脑损伤、老化和分散注意)将不利于这些特征的整合并最终导致来源监测受损。Watson 等(2004)的研究结果证实了老年被试由于存在自我发动的来源监测障碍而无法抵制多次重复测验的干扰效应。Dehon 和 Brédart(2004)再次考察了老年被试对关键诱饵的错误记忆是否是由于来源监测的缺乏,结果同样发现,尽管年轻被试与老年被试同等程度激活了关键诱饵,但老年被试更容易将其判断为先前呈现过,表明他们确实存在信息来源识别上的困难。上述研究表明,与年轻人相比,老年人的来源监测能力出现了大幅度衰

错误记忆

退,这可能是其表现出错误记忆的老化效应的主要原因。

Schacter 等(1997)假设老年人的较高错误再认可能性在一定程度上是由于随年龄增长所致的对目标信息的一般或模糊编码,模糊编码会导致对单个项目区分性细节记忆的选择性破坏,进而提高错误记忆的可能性。Schacter 等(1999)进一步指出,老年被试更容易对导致错误再认的语义相似性信息进行编码和提取,而很少编码或提取那些导致正确再认的项目区分性细节信息,如果被试能够依据"区分性启发"并将其决策策略调整为更保守的话,错误记忆就会降低。因此,Schacter 和其同事们发现通过提供区分性信息(图片)可以有效降低老年被试的错误再认(Schacter, Israel, & Racine, 1999; Dodson & Schacter, 2002)。

Reyna 和 Brainerd(1995)认为错误记忆上的年龄差异是由于字面加工(对刺激表面细节的加工)与要点加工(对刺激的一般意义的加工)随年龄而发生的动态变化,老年人相对更倾向于基于要点信息进行提取,这样便导致了错误记忆可能性的提高。Thomas 和 Sommers(2005)的研究证实了这一观点,他们发现,当对词表项目的基于要点的加工受到阻碍时,老年被试和年轻被试都表现出相似的错误回忆和错误再认的减少。

与上述观点不同,抑制的解释则认为,年龄差异反映了对关联信息的抑制能力的不同(Balota 等,1999; Balota, Dolan, & Duchek, 2000; Watson, Balota, & Sergent-Marshall, 2001)。Balota 等(1999)提出,可能存在一个注意—抑制的控制系统对错误记忆中的年龄效应起主要作用,抑制加工可以将记忆中的目标信息与相似信息区分开,而老年人在抑制加工上的缺损,使得他们无法有效地对学过项目和关键诱饵进行区分,进而导致了错误记忆水平的提高。Lövdén(2003)在其研究基础上进一步指出,抑制是通过情景记忆机能的中介作用而间接对错误记忆中的年龄效应产生影响的。

上述理论均可以在一定程度上解释 DRM 范式或误导信息干扰范式下

所获得的错误记忆的老化效应,但单一的模型却无法很好地解释想象膨胀范式下老年人的错误记忆表现。激活/监测理论也许可为错误记忆的老化效应机制提供更合理的解释。如上一章所述,该理论认为错误记忆的产生依赖于两个重要的加工过程,即激活和监测,二者都能潜在地影响对记忆经验的编码和提取,表现为激活过程促进了错误记忆的产生,而监测过程则抑制了错误记忆效应,激活过程与对记忆准确性的监测过程及其交互作用最终导致错误记忆的产生。根据该理论可推断,无论在何种研究范式下,错误记忆的产生均需同时依赖激活与监测两个不同的过程,二者的效应是相互对抗的,但同时监测过程又需要建立在达到一定水平的激活基础之上。该模型同时考虑了激活和监测的双加工过程对错误记忆产生的关键作用,可以很好地解释DRM范式和误导信息干扰范式下错误记忆的老化效应。也就是说,老年人会表现出比年轻人更强的错误记忆效应,是由于其在编码和提取阶段对错误事件的更高水平的激活,及其监测能力大幅度下降的共同作用。而在想象膨胀范式下,情景记忆和想象情景事件能力的缺陷,使老年人无法产生更大的想象膨胀效应;但是,易化了老年人想象情景事件能力的操作(如情景特异性诱导)则可以显著提升其想象膨胀错误记忆效应,这说明当激活过程受到易化后,老年人的较低水平的监测能力使其无法更好地区分开想象事件与真实事件。

5.2 不同特点个体的错误记忆易感性

Wilkinson和Hyman(1998)发现,对关键诱饵的错误再认与意象测量(imagery measures)有关,那些报告使用了较多意象的被试更容易错误地再认出关键诱饵,而且,意象越鲜明的被试越有可能对关键诱饵做出记得的判断。Winograd、Peluso和Glover(1998)也发现,个体在意象鲜明上存在的

错误记忆

差异与对关键诱饵的记得判断之间存在联系。这些研究均表明个体对 DRM 范式中错误记忆的易感性上存在差异,一些个体可能会更容易受到错误记忆的影响。

Watson、Bunting、Poole 和 Conway(2005)对工作记忆容量(working memory capacity,WMC)上的个体差异是否会影响 DRM 范式中对错误记忆的易感性进行了探讨。其两个实验的结果均表明,当向被试提供预警时,具有高 WMC 的个体对关键诱饵的错误回忆较少,相比之下,高和低 WMC 的被试都能通过重复学习—测验有效降低错误回忆。这些结果表明,低 WMC 的个体在积极保持任务目标上存在障碍,无法通过预警指导语有效降低对关键诱饵的错误记忆,说明工作记忆容量上的个体差异会影响认知控制,以及面临干扰信息时积极保持任务目标的能力。

还有一些研究比较了具有某种特质的个体对与该特质有关的关键诱饵的易感性与无该特质的个体之间的差异。Wenzel、Jostad、Brendler、Ferraro 和 Lystad(2004)使用 DRM 范式考察了具有焦虑和恐惧特质的个体是否会对未呈现过的威胁词(即关键诱饵)表现出更高水平的错误回忆和错误再认。在研究一中,要求恐惧蜘蛛、恐惧血液和无任何恐惧的三组被试对与"蜘蛛"、"血液"、"河流"和"音乐"四个关键诱饵有语义关联的词表进行学习,结果发现,不管采用再认测验还是先回忆后再认测验的方式,各组被试的错误记忆均没有差异;在研究二中,比较了具有社交焦虑的被试和无此特质的两组被试对与该特质有关和无关的关键诱饵的错误记忆,结果同样没有发现任何差异的存在。就此,他们得出结论认为,对威胁的记忆偏向并不是焦虑和恐惧特质个体所具有的特征。Ferraro 和 Olson(2003)则研究了具有发展成为进食障碍(eating disorder)可能的个体与正常被试相比,是否会表现出对与食物有关的关键诱饵的更高水平的错误记忆,结果发现反而是控制组被试对与食物有关项目的错误回忆率更高,他们认为这是易化信息的作用,实验组被试对与食物有关的关键诱饵的易化加工使其更容易区分出关键诱饵是否真的被呈现过。

5.3 不同临床疾病患者的错误记忆易感性

此外,还有研究探讨了几种不同临床疾病患者,如遗忘症、阿尔茨海默症和精神分裂症患者对 DRM 范式中关键诱饵的错误记忆的易感性(如 Baciu 等,2003;Balota 等,1999;Moritz, Woodward, Cuttler, Whitman, & Watson, 2004;Schacter, Verfaellie, & Pradere, 1996;Watson 等,2001)。

在对遗忘症患者的研究方面,Schacter、Verfaellie 和 Pradere(1996)发现,遗忘症患者并没有表现出比控制组被试更高的错误再认水平,而且,他们对关键诱饵的错误回忆水平甚至有些低于控制组,表明错误记忆与正确记忆一样,依赖于与词表项目有关的语义和关联信息,而遗忘症患者由于无法对这些信息进行保持,所以正确记忆和错误记忆水平都较低。Mintzer 和 Griffiths(2001)考察了由 Triazolam(三唑仑:一种镇静类安眠药)引发遗忘症的患者对错误再认的易感性,其在实验一中发现,安慰剂组表现出错误再认水平随着词表呈现遍数的增加而下降的趋势,但 Triazolam 处理组的错误再认水平却因重复学习而上升,表明 Triazolam 处理组被试主要依赖基于要点的记忆机制,无法使用项目特异性记忆机制抑制错误再认。

在对 AD 患者的错误记忆易感性的研究方面,现有研究尚未取得一致的结论。Watson、Balota 和 Sergent-Marshall(2001)发现 AD 患者对学过项目的正确回忆率较低,对关键诱饵的错误回忆率则比较稳定,可能是由于他们的监测或注意—抑制认知控制系统存在障碍。但是在对错误再认的研究中,Budson、Sullivan、Daffner 和 Schacter(2003)却发现,AD 患者与健康老年人相比表现出低水平的错误再认,Budson 等认为这是由于他们情景记

错误记忆

忆的缺失。Budson、Daffner、Desikan 和 Schacter(2000)比较了 AD 患者、健康老年被试和年轻被试的错误记忆,结果也发现当词表呈现 1 遍时,AD 患者的错误再认水平低于控制组被试;经过 5 次练习后,所有组的正确再认水平都随练习次数的增加而提高,但错误再认则表现出不同的模式:老年被试的错误再认水平发生一定波动,年轻被试的错误再认水平下降,AD 患者的错误再认水平上升。他们认为 AD 患者在经过多次练习后建立起了语义要点信息,而控制组被试则可以使用项目特异性加工和保守的反应标准来抑制错误记忆。Budson、Sitarski、Daffner 和 Schacter(2002)也发现与健康老年被试相比,向 AD 患者提供区分性信息(图片)反而使他们的错误再认水平出现上升的趋势,这可能是由于图片的呈现易化了对关键诱饵的激活,而导致来源监测错误的增加,老年被试则能够使用图片所提供的区分性信息来帮助他们对学过项目和激活的关键诱饵进行有效的区分。上述研究表明,情景记忆或者注意—抑制认知控制系统存在的障碍可能是 AD 患者的错误记忆与正常被试不同的原因。

Elvevåg、Fisher、Weickert、Weinberger 和 Goldberg(2004)比较了精神分裂症患者与内侧颞叶损伤被试在对关键诱饵的错误记忆上的差异,结果发现后者在回忆测验中的错误更多一些,而且对关键诱饵的易感性较强,相反精神分裂症患者却没有表现出更多的对关键诱饵的错误再认,说明精神分裂症患者并非对错误记忆更加易感。同样,Moritz 等(2004)考察了精神分裂症患者的错误记忆,发现他们对学过项目的正确记忆显著低于控制组被试,而对关键诱饵的错误记忆与控制组被试没有差别,但是他们却表现出对错误记忆的高水平自信。

上述研究均表明,的确存在着不同个体,他们对错误记忆的易感性存在着不同程度的差异,具有某些特征的个体会表现出对错误记忆更高水平的易感性。

第六章
错误记忆的应用领域:目击者证词

正像古代的七种致命罪恶那样,记忆的缺陷在日常生活中常有发生,给我们每个人带来严重后果。

——Daniel L. Schacter

错误记忆

错误记忆领域的大量实证研究向我们证实,人类的记忆不是对过去经历的原样复制,错误记忆现象普遍存在。在大多数情形下,错误记忆无伤大雅,但在一些特定情境中,却可能会导致严重的后果。如在司法领域,目击者的错误记忆可能会将无辜的人送进监狱。在国内外的很多刑事诉讼案件中,经常缺少类似于 DNA 等客观证据(Howe & Knott, 2015; Peterson, Hickman, Strom, & Johnson, 2013),此时目击者证词(eyewitness testimony)便会成为最重要的关键性证据(如 Howe, Knott, & Conway, 2018),司法工作者往往不得不将受害者或目击者的记忆纳入考虑。由于对目击者证词的过度依赖,很多无辜的人蒙冤被定罪。在美国,目击者的错误辨认是导致司法误判最主要的因素(Wang, Otgaar, Smeets, Howe, Merckelbach, & Zhou, 2018),因此,在目击者证词领域,研究者们开展了大量的研究实践,并已取得了相当的进展和应用。在中国,有关错误记忆在司法体系中的应用研究尚处于起步阶段,但国外对目击者证词的已有研究成果也可为我国司法实践提供重要的理论和实证支持。

在本章中,我们将首先回顾有关目击者证词的错误记忆领域的最新研究发现,从外部信息和内部加工两个角度分别阐述二者对目击者证词的影响;其次,阐述在目击者证词领域中,对错误记忆进行预防和识别的主要方法和手段;最后,总结已有研究对我国司法实践的可能影响。

6.1 外部信息对目击者证词的影响

6.1.1 询问和审讯中的误导信息

采用误导信息干扰范式或其他类似范式的研究发现,错误记忆可以由外部误导性信息引起,或用某种方式从外部被植入到记忆系统中。外部误导性信息可能是语言或非语言的。在警察的询问过程中,问题的措辞方式

第六章 错误记忆的应用领域：目击者证词

和询问者的手势都可能会影响目击者记忆的准确性。一些研究考察了不同类型问题对记忆可能造成的影响(Kebbell, Evans, & Johnson, 2010; Kebbell & Giles, 2000; Kebbell & Johnson, 2000)。在上述研究中,研究者首先让被试观看一段犯罪短片,例如一名妇女被某男子袭击,一周后,要求被试对有关该犯罪事件的问题进行"是"或"不是"的回答。研究发现,相较于简单的问题(如"袭击是发生在公园吗?")而言,否定问句(如"女人没有黑色的头发吗?")、双重否定问题(如"女人没有黑色的头发不是真的吗?")以及给定预期答案的误导性问题(如"袭击发生在公园里,这是真的,对吗?")都会导致目击者的记忆变得更不准确。

Sharman 和 Powell(2012)通过改变询问中问题的措辞方式,比较了目击者对误导信息的易感性。在研究中,研究者使用了标准的三阶段误导信息干扰范式,即被试先观看一段视频,然后接受误导信息,最后回答有关记忆的问题。具体而言,呈现的误导信息是告诉被试视频中行凶者的货车上有 AJ 标志,而实际上视频里的标志是 RJ。在最后的提问阶段,要求被试回答包含误导性信息的不同类型的问题。其中有两类问题特别重要,一类是包含误导信息细节的特定问题(如"Eric 的货车上是否有 AJ 的大写黑色字母标志?"),另一类是暗含某些误导信息的开放性问题(如"请告诉我更多关于 Eric 货车上 AJ 标志的信息")。研究结果显示,这两类问题可导致对误导信息产生最高的错误记忆率(38%)和对正确细节的最低的正确记忆率。

在询问过程中,诸如手势等非言语误导信息也会导致目击者产生错误记忆,这种现象被称为手势误导信息效应(Gurney, Pine, & Wiseman, 2013)。Gurney 等(2013)在研究中,先让被试观看一段犯罪现场的录像,然后实验者扮成警察对被试进行询问。询问过程中不提供任何语言上的误导信息,但当问及被试"你注意到任何珠宝了吗?"时,实验者要么在另一只手上做戒指的手势,要么抓住手腕做手表的手势。实验结果表明,当实验者做

错误记忆

手表手势时,更多的被试(30%)错误地报告看到了手表,而做戒指手势时只有5%的被试报告看到了手表;相应地,当实验者做戒指手势时,大多数被试(95%)报告看到了戒指。在另一个类似的研究中还发现,与看到实验者摇头的人相比,看到其点头的人在目击者报告中表现出更高的自信水平(Gurney, Vekaria, & Howlett, 2014)。

最近,Gurney、Ellis 和 Vardon-Hynard(2016)就能否通过非言语信息的误导改变对犯罪性质和严重程度的主观估计进行了研究。其在实验中首先让被试观看一段视频,视频中一名男子在小巷里殴打另一名男子,然后将被试当作目击者进行询问。结果发现,打人手势能让被试更准确地回忆起犯罪过程,刺伤姿势则让更多的被试(61%)回忆起被害人被刺以及严重受伤的情景,而打人手势只让5.6%的被试回忆出刺伤情景。Gurney等还指出,与言语误导信息相比,手势误导信息可表现出相同甚至更大的记忆污染效应。

6.1.2 目击者的错误辨认

误导信息会直接导致目击者将队列中的无辜者错误地指认出来。例如,Searcy、Bartlett 和 Memon(2000)让被试看一段有关干洗店服务员被谋杀的真实犯罪录像。15 分钟后,被试将听到一些关于目击者对犯罪过程的描述。其中一种描述中包含误导信息,即行凶者缺了一颗牙齿(但实际上并没有)。数小时后,要求被试在一组嫌疑人的照片中辨认罪犯。结果显示,接受误导信息的被试与没有接受误导信息的被试相比,更有可能选择缺少牙齿的人(比率分别为 25% 和 6%)。

不仅辨认前的误导信息(即在目击者指认之前提供的信息)会损害目击者记忆的准确性,目击者指认之后获得的反馈也可能使目击者对记忆进行重构。在考察目击者辨认凶手后的反馈信息对目击者记忆影响的研究中

(如 Erickson, Lampinen, Wooten, Wetmore, & Neuschatz, 2016; Skagerberg & Wright, 2009; Smalarz & Wells, 2014; Wells, Olson, & Charman, 2003),被试要么得到确认的反馈信息(如"很好,你确认了嫌疑人"),要么没有任何反馈信息。结果发现,与无反馈信息的被试相比,确认的反馈信息会提升被试对自己记忆的信心程度,从而使得他们更愿意在法庭上作证。然而,当嫌疑人是无辜的时候,这种信心膨胀就会导致很严重的后果。

Steblay、Wells 和 Douglass(2014)基于 21 项研究中的数据对辨认后效应(post-identification effect)进行了元分析,这 21 项研究总计包括了来自美国、加拿大、欧洲和澳大利亚的 7000 名被试。元分析的结果发现,当一个无辜的人被指认时,确认反馈会增强目击者对罪犯记忆的清晰度、对罪犯面部细节的记忆以及对(错误)记忆的确定性,辨认后效应对目击者对罪犯的记忆清晰度和面部细节记忆的影响程度在中到大这个范围内(Cohen's d 均值分别为 0.69 和 0.65)。

许多关于辨认后效应的研究是在实验室环境中进行的,但也有研究对真实案件目击者进行了考察。Wright 和 Skagerberg(2007)测试了真实犯罪的目击者(包括受害者和旁观者)在收到警察的反馈信息后是否会改变他们对元记忆问题的回答。他们对英国真实案件目击者的调查发现,相较于被警察告知指认错误的被试,那些被警察告知指认正确的目击者在报告罪犯的面部特征和事件时有更好的记忆。

6.1.3 共同目击者的误导信息

犯罪经常涉及多个目击者,这些目击者之间经常会相互讨论。2003 年 9 月,瑞典著名政治家 Ann Lindh 在一家购物中心被谋杀。当时在同一个候询室里的目击者们相互讨论、相互影响,导致警察收集了错误的罪犯信

错误记忆

息。虽然最终根据 DNA 痕迹抓获了罪犯,但是,他与目击者们的描述并不匹配。Skagerberg 和 Wright(2008)研究了在英国辨认室中共同目击者的讨论频率,发现在这些被抽中的目击者被试中,有 88% 的人称曾在犯罪现场见过共同目击者,其中 58% 的人与共同目击者讨论过犯罪情况,包括犯罪细节和嫌疑人。这表明在共同目击者的讨论过程中很容易产生错误记忆。

与其他共同目击者进行的讨论可能产生误导信息,并影响目击者本人记忆的准确性,这种现象也被称为记忆从众(memory conformity,其可能的机制参见 Wright, Memon, Skagerberg, & Gabbert, 2009)。Gabbert、Memon 和 Allan(2003)采用了一种新的程序,让成对的被试观看同一事件的不同视频,然后鼓励他们就该视频进行讨论。结果发现,绝大多数(71%)目击者错误地回忆出了与其他目击者进行讨论时所获得的信息。而且,发起讨论的目击者更有可能影响其他目击者的记忆(Gabbert, Memon, & Wright, 2006)。此外,来自熟人(如朋友或恋人)的错误信息比来自陌生人的错误信息更容易被接受(Hope, Ost, Gabbert, Healey, & Lenton, 2008)。最新研究表明,儿童和成人均明显存在记忆从众趋向(Otgaar, Howe, Brackmann, & van Helvoort, 2017)。

共同目击者相互讨论时接受的误导信息也会导致错误辨认。Zajac 和 Henderson(2009)研究了共同目击者的误导信息对队列辨认的影响。他们让两名目击者一起观看了一段盗窃视频,其中一名目击者(实验者的同谋)错误地告诉另一名目击者小偷的眼睛是蓝色的(实际上小偷的眼睛是棕色的)。实验结果表明,被共同目击者误导的被试指认蓝眼睛嫌疑犯的可能性(47.2%)是没有被误导的目击者的两倍。Eisen、Gabbert、Ying 和 Williams(2017)在实验中让目击者被其他共同目击者所误导(说行凶者的脖子上有纹身),他们操纵了接收误导信息和指认罪犯之间的时间间隔,结果发现当间隔时间较长时,错误识别纹身者的被试显著增加;一周后,选择无辜纹身者的被试(44.0%)仍然比选择真凶的被试(34.0%)要多。还有研究表明,即使共同目击者看起来不可靠(如饮酒),目击者仍然会接受他们提供的错误信息,进行错误的辨认(Zajac, Dickson, Munn, & O'Neill, 2016)。

6.2 内部加工对目击者证词的影响

除了外部的误导信息之外,个体本身内部的认知机制也可能产生错误记忆。DRM 范式所揭示的便是这种内在联想过程导致的错误记忆效应,且该效应在儿童和成人中均稳定存在(Howe, 2005, 2006)。这种类型的错误记忆也可以被称为是"内源性"的,因为错误记忆的产生源自内部心理表征之间的自动激活过程(Howe, Wimmer, Gagnon, & Plumpton, 2009; Roediger, Balota, & Watson, 2001)。换句话说,当目击者看到某种物品时,与之相关但并未呈现的概念会被自动激活,这就可能会导致对未呈现物品产生错误记忆。例如,Otgaar、Howe、Brackmann 和 Smeets(2016)向被试呈现一段抢劫视频,视频中的情景为一名罪犯进入自助餐厅向收银台的人要钱,视频里显示了一些相关信息(如钱、收银员、黑色夹克、蒙面帽子和抢劫犯)。结果发现,在没有任何误导信息的情况下,被试会自动形成视频中有枪支的错误记忆。

6.2.1 情绪与错误记忆

情绪是导致这种内源性错误记忆的重要因素之一。从司法的角度来看,情绪非常重要,因为人们在面临犯罪情景时通常会经历强烈的情绪和(或)负面情绪。研究表明,90%的被试对消极的公共事件形成了错误记忆

错误记忆

(如9·11恐怖袭击),但只有41.7%的被试会对积极的公共事件产生错误记忆(Porter, Taylor, & ten Brinke, 2008)。很多研究者探究了情绪对自发性错误记忆的影响,他们首先向被试呈现不同的情绪词表(消极的、积极的),然后对被试的错误记忆率进行测量,结果发现对消极DRM词表的错误再认率高于积极或中性DRM词表(Brainerd, Holliday, Reyna, Yang, & Toglia, 2010; Brainerd, Stein, Silveira, Rohenkohl, & Reyna, 2008; Howe, Candel, Otgaar, Malone, & Wimmer, 2010)。

犯罪场景不仅会引起恐惧和愤怒等负面情绪,而且常常引起较高的情绪唤醒水平。Brainerd等(2010)通过操纵DRM词表中词语的情绪效价和唤醒水平发现,消极情绪产生的错误记忆显著高于积极情绪,而且高唤醒水平所产生的错误记忆也高于低唤醒水平。Bookbinder和Brainerd(2017)在控制了图片唤醒水平的同时,给被试提供了消极、中性和积极的图片,然后对被试进行了即时和延迟一周的再认测验,结果发现消极图片也能够增强错误记忆。综合以上研究可知,负性效价和高唤醒水平都会提高错误记忆率(Bookbinder & Brainerd, 2016; Kaplan, Van Damme, Levine, & Loftus, 2016)。

6.2.2 压力与错误记忆

由于消极事物会带来错误记忆,因此人们可能会预期压力(通常是消极的)也会带来错误记忆。然而,关于压力对错误记忆影响的研究的结果却各不相同。Payne、Nadel、Allen、Thomas和Jacobs(2002)首次研究了压力对错误记忆产生的影响。他们在研究中,要求被试进行发言以引起其适度的心理社会压力,之后向被试听觉呈现DRM词表,再对其进行再认测验。结果显示,与没有压力的条件相比,压力会增加错误记忆率。

然而,这种情况并没有在其他研究中得到重复。例如,Smeets、Jelicic

和Merckelbach(2006)采用了与Payne等(2002)类似的实验程序,即压力引发阶段、DRM词表学习阶段和记忆测验阶段。他们还在实验中多次收集了被试的皮质醇水平(压力的一种生物学指标)以检验压力引发操纵的有效性。结果没有发现任何证据表明压力能够增加错误记忆。此外,Smeets、Otgaar、Candel和Wolf(2008)将被试置于冷压的压力任务(CPS)中,要求被试必须将手臂尽可能长时间地浸泡在冰水中,同样也没有发现错误记忆受到压力水平的影响。

压力似乎不会增加内源性错误记忆,但它可能会损害对外周细节的真实记忆,进而导致目击者极易受到外部误导信息干扰的影响,从而产生来自外部过程的错误记忆(Kaplan, Damme, Levine, & Loftus, 2016)。Morgan、Southwick、Steffian、Hazlett和Loftus(2013)研究了800多名军事人员对于高压力事件的错误记忆。实验中,他们首先让被试经历一场高度紧张的审讯,在审讯中他们被当作模拟战俘对待并遭到人身攻击。经历此高压力事件之后,要求被试填写一份误导信息问卷,最后评估被试对攻击性审讯者的记忆。结果发现,接受了误导信息的被试中有大约一半的人错误地将别人指认为他们的审讯者。

6.3 对错误记忆的预防和识别

6.3.1 提升精确记忆,防止错误记忆

错误的记忆是很容易产生的,为此研究者设计了一些方法来防止错误记忆的产生,并促进精确记忆的提取。在目击者证词领域,一般原则是在询问和审讯时避免向目击者提供暗示性信息。其中的一个非常重要的步骤就是事先确定有效的访谈方案,从而最大限度地提高准确报告且最小化错误报告。认知访谈技术(cognitive interview,CI)是一种被广泛运用的访谈方

错误记忆

式,其研究已有 30 多年的历史,目前已被应用于目击者询问。认知访谈技术通过运用几个认知原则来增强陈述的准确程度。在认知访谈过程中,目击者会经历以下几个程序(Fisher & Schreiber, 2007):首先,访谈以一种友好的方式开始,以建立与目击者之间的融洽关系,从而降低目击者遇到警察询问员时可能面临的压力。研究表明,在认知访谈过程中建立的融洽关系能够有效降低目击者产生错误犯罪信息的程度(Vallano & Compo, 2011)。然后,目击者可以自由报告所有回忆而不被询问者所打断。因此,是目击者本人控制着信息的输出而非询问者。在自由陈述之后,询问者可用开放式的问题来对目标事件进行调查(如上文所述,它比封闭式问题产生的错误记忆要少)。Memon、Meissner 和 Fraser(2010)回顾了 25 年来关于认知访谈的实验室研究和现场研究,发现与标准访谈条件相比,认知访谈在正确细节方面有了显著的提高。

另外,事后预警(post-warning)在减少由误导信息引起的错误记忆方面是有效的。事后预警是指告知被试他们所接收到的一些事后信息(post-event information)可能并不准确。例如,告知那些从共同目击者那里得到误导信息的被试,他们的共同目击者可能观看了另一段视频,从而使被试对自己的记忆进行反思(Paterson, Kemp, & McIntyre, 2012)。Blank 和 Launay(2014)对 20 世纪 80 年代至 21 世纪的 25 项关于事后信息效应的研究进行了元分析,发现事后预警可以将错误记忆降低到无预警条件时的 43%。

采用单盲队列(blind lineup)也可以有效防止目击者在辨认过程中的错误。在单盲队列中,询问者不知道嫌疑人的身份,因而能够有效防止询问者在不经意间给予目击者的暗示(如无意识的手势等)。并且在单盲队列中,询问者不仅不太可能在目击者辨认罪犯时有意或无意地向其传达错误信息,还可以减少辨认后效应,进而防止错误的反馈导致目击者增加对其指证结果的信心(Dysart, Lawson, & Rainey, 2012)。

6.3.2 对真实记忆与错误记忆的区分

研究表明,与真实记忆相比,错误记忆所包含的感觉细节较少(如 Norman & Schacter, 1997),但也存在一些情况,错误记忆的体验与真实记忆一样生动(Foley, Bays, Foy, & Woodfield, 2015)。随着脑成像技术的发展(如功能性核磁共振成像),使得利用两者之间的神经基础差异来辨别真假记忆成为可能。此外,近年来也有广泛的研究关注真实记忆和错误记忆的神经关联。如第四章所述,Slotnick 和 Schacter(2004,2006)的研究确认了真实记忆和错误记忆发生时的感觉加工脑区有所不同。与 DRM 范式类似,被试在学习阶段看到了各种不同的形状,然后在测验阶段形成了与呈现形状相关但实际并未呈现过的形状的错误记忆。测验阶段进行的 fMRI 扫描结果显示,真实记忆发生时,早期视觉加工区域(BA17 与 BA18)的激活程度高于错误记忆发生时。Stark、Okado 和 Loftus(2010)使用了误导信息干扰范式,在学习阶段向被试呈现刺激,并在一天后提供误导信息。实验同样发现,对视觉刺激的真实记忆与早期视觉加工区域相关,这些区域通常会参与视觉刺激的感觉编码(Atkins & Reuter-Lorenz, 2011)。

其他研究表明,对听觉刺激的真实记忆与听觉加工区域(如左颞顶叶皮层)的激活有关(Cabeza, Rao, Wagner, Mayer, & Schacter, 2001;Abe 等,2008)。基于上述结果,Schacter、Chamberlain、Gaesser 和 Gerlach(2011)提出了感觉再激活假说,认为真实记忆比错误记忆具有更多的对感知觉细节的回忆,并表现为对感知觉编码大脑区域的重新激活,这些大脑区域参与真实记忆而非错误记忆过程。因此,当人们真正看到或听到目标刺激时,处理刺激的大脑区域(如早期视觉皮层)将在他们试图提取目标记忆时被激活。而由于错误记忆以前从未被"看到"或"听到"过,所以错误记忆提取时不会产生这种激活。最新的研究也支持了感觉再激活假说(Dennis, Bowman, & Vandekar, 2012;Dennis, Johnson, & Peterson, 2014)。

错误记忆

此外，研究者还考察了与错误记忆相关的独特神经信号。在新近的一项研究中，Chadwick、Anjum、Kumaran、Schacter、Spiers 和 Hassabis（2016）使用 fMRI 技术，在 DRM 范式中寻找错误记忆的神经编码。他们操纵了学习项目和关键诱饵之间的语义重叠程度（从低到高），并根据词表项目和关键诱饵之间的语义重叠，通过计算分析考察了二者之间的神经重叠。结果表明，颞极（temporal pole）的活动模式可以有效预测错误记忆的发生，并且特定被试的颞极神经编码活动可以预测其个人的错误记忆。

上述神经成像研究的结果都揭示了错误记忆和真实记忆的神经基础存在差异。然而，研究者在法庭上使用神经成像技术来判别个体记忆是真是假时还是要相当谨慎。首先，在实验室进行的神经影像学研究通常是针对简单刺激（如文字和图片）的正确记忆和错误记忆的研究，而简单刺激所引发的大脑激活可能与犯罪情景等丰富事件的激活有很大区别（Schacter & Loftus, 2013）。更重要的是，尽管研究发现了真实记忆和错误记忆之间的神经差异，但这种差异是基于一组被试的大脑活动的总结，因此很难将其结果应用于某一具体的个体（Van de Ven, Otgaar, & Howe, 2017）。最近有研究对个体记忆和错误记忆进行了神经解码（如 Chadwick 等, 2016），但目前对错误记忆和真实记忆的区分还远远不够准确。随着神经成像技术的发展和对更复杂刺激的研究，未来很有可能在神经层面区分真实记忆和错误记忆，然而在行为层面对两者进行区分还是相当有难度的（Bernstein & Loftus, 2009）。

6.4 未来应用的方向

前面我们回顾了两种类型的错误记忆及其对目击者证词的可能影响。一方面，外部误导信息可以对目击者的记忆产生影响，这些误导信息可能是询问过程中出现的暗示性问题或手势，可能是辨认前或辨认后的误导性信

第六章 错误记忆的应用领域：目击者证词

息,也可能是来自共同目击者的误导信息。另一方面,在没有外部误导信息干扰的情况下,内部的认知加工过程也可以导致错误记忆的发生,表现为人们在消极情绪和高唤醒水平下会更容易出现错误记忆,错误记忆也可能在压力情境下出现(还有待进一步证实)。总的来说,错误记忆会导致对罪犯或犯罪过程的错误描述,误导调查的方向,并有可能直接导致目击者将无辜的人误认为罪犯。针对特定的访谈技术(如认知访谈、单盲队列和事后预警)的研究表明,这些方式可以有效降低错误记忆发生的概率或预防错误记忆发生。

北美和欧洲的一些国家已经在不断吸收心理学有关错误记忆的最新研究成果,将目击者证词的准确性和可靠性评估纳入司法体系,以最好地保护无辜的人不因目击者的错误记忆而被定罪。例如,美国新泽西州最高法院规定,当在法庭上评估目击者的辨认结果是否可作为证据时,必须先确认其辨认过程中是否存在不被许可的暗示性,如果暗示存在,则需要考虑该暗示是否极有可能导致了难以挽回的错误辨认(State v. Henderson, 2011),并发布了《新泽西辨认指南》以规范执法机关的辨认组织过程。在英国,目击者的错误辨认所导致的无辜错判也曾直接促成了英国《刑事上诉法案》以及一些旨在防止类似错误再次出现的成文法律法规的出台和刑事上诉法院的建立(陈晓云,2015),英国政府部门也借鉴心理学研究成果,曾先后多次修正了与审判前辨认相关的程序规则。

在中国,尽管2018年最新修订的《刑事诉讼法》中提到,证人证言是证据的主要种类之一,且必须经过查实后才能作为定案的根据,但并未对目击证人辨认的组织与实施规则进行相应的规定。《公安机关办理刑事案件程序规定》第八章第九节(第249条至第253条)和《人民检察院刑事诉讼规则》第九章第九节(第257条至262条)对辨认过程作了一些规定,但非常简单,更是完全没有吸纳现代心理学的科学研究成果。在我国的司法实践中,

错误记忆

公安机关和人民检察院都规定,嫌疑犯身份辨认应当由侦查人员或检察人员主持,因此几乎所有的辨认都是由负责案件的侦查人员主持进行的。这种情况提升了产生错误记忆的风险,因为这些对案件了解的相关人员可能会对目击证人提供无意的误导信息和暗示。可见,在我国的司法领域中,十分有必要借鉴心理学的研究成果,采取一些措施以提高目击者证词的可靠性和准确性。

首先,应提高人们对法律领域的错误记忆的认识。人们的记忆远比许多人想象的更容易出错。对法官、律师和警察来说,意识到这一点尤为重要。通过工作坊和研讨会的方式向人们提供有关记忆系统是如何工作以及如何防止错误记忆的知识(Loftus,2003)是非常重要的,因为许多法律专业人士对记忆的功能持有错误的认识,例如很多人认为记忆像录像带一样可以准确无误地记录过往经历。最有效的方法是向警察等法律专业人士传授记忆的科学知识及其与法庭的相关性,这种干预有助于法律专业人士消除对记忆功能的偏见(Lilienfeld,Ammirati,& Landfield,2009)。

其次,是与法律专业人士密切合作,进行各种行为调查并采取相应司法程序以防止错误记忆的产生。将心理学科学研究的成果运用于警察询问、目击者辨认程序的组织与管理等方面,推行更新的、更完善的法律法规明确规定询问和辨认的流程等。例如,使用认知访谈技术规范询问流程,以最大限度地避免事后误导信息所导致的目击者记忆偏差;科学地组织辨认队列(如运用单盲队列、序列队列等),以尽量排除询问人员和队列组织方式对辨认结果的可能影响;运用事后预警,增加目击者对辨认的准确性监控,等等。目前美国、英国和荷兰等国家已经采取了这种行动,并取得了相当多的进展。

最后,可以采取各种措施识别法律实践中错误记忆发生的可能性。实现这一目标的理想方法是让相关人员在处理相关法律案件时尽可能多地咨询记忆专家。许多国家均要求记忆领域的研究专家就与记忆有关的问题提供专业意见,例如,对儿童陈述的性虐待事实进行鉴定(Otgaar & Howe, 2017),或采用合适的工具来对上述风险因素进行逐步评估以分析目击者证词的可信度(Wise & Safer, 2012)。在这些方面,记忆专家可以极大地协助法官和律师,进而帮助法官做出以记忆科学为基础的法律判决。

本章所总结的已有文献中关于目击者证词和错误记忆领域的最新发现并不是要告诉大家目击证人一直都是错误的或者大部分情况下都是错误的,相反在大多情况下,目击者通常能够达到较高的准确性,并为公正和法律程序作出重大贡献。对记忆乃至错误记忆研究成果的借鉴可进一步增加相关司法人员对目击者的了解和信任,从而尽可能地减少其错误记忆的产生,最终将更好地服务于我国法律制度实践。

第七章
总结与展望

我们头脑中的记忆并不是雕刻在石头上的；它们不仅会随着岁月的流逝而渐渐被忘却，还经常发生改变，甚至加剧……只有当我们清楚了它们是以何种语言、何种符号、在何种层面以及以何种笔去书写的时候，记忆的这种欠缺可靠性才将会得到满意的解释；迄今为止我们离这个目标还很远。

——Primo Levi

错误记忆

错误记忆研究现已成为记忆研究领域非常重要的组成部分,很多情况下,对于记忆效应的研究需要同时关注真实记忆和错误记忆,这已成为记忆研究者们的共识。作为一种稳定且强大的效应,错误记忆的存在应有其必然的价值和意义。目前,记忆研究者们更倾向于认同人类记忆系统的建构性本质,而错误记忆则是记忆系统的建构性特征的重要体现。错误记忆与真实记忆同等重要,且二者有着复杂的关系,对错误记忆的理解更是我们打开人类记忆之谜大门的一把关键钥匙。

在最后这一章里,我们将基于已有研究成果对错误记忆与真实记忆之间的关系进行系统的梳理,并从适应性的视角阐述当代记忆心理学对错误记忆的认识,最终指出错误记忆领域研究的未来主要研究方向。

7.1 错误记忆与真实记忆的关系

7.1.1 与真实记忆的共变

很多研究发现,那些促进了真实记忆的操作同时也会易化错误记忆效应,也就是说,错误记忆与真实记忆存在共变关系。

首先,深加工过程促进真实记忆,也提升错误记忆。记忆的加工水平效应是指,加工程度的深入会导致更高水平的正确记忆。这种类似的加工水平效应也会体现在错误记忆上。Toglia 等(1999)发现,相对于非语义加工,语义加工(加工水平高于非语义加工)可以提高被试对关键诱饵的错误回忆率。Thapar 和 McDermott(2001)的研究进一步系统地证实了加工水平对错误记忆的影响,他们采用标准的加工水平操纵,要求被试对 DRM 词表中的学习项目分别按照以下三种条件进行编码:对单词所代表含义的愉悦度进行等级评分;写出单词中所包含的元音字母数量;判断所呈现单词的颜色(色词辨别)。后来的回忆/再认测验结果表明,被试对那些在学习阶段进行过愉悦度评定的单词的错误记忆显著高于另外两种条件。也就是说,被试的错误记忆水平随着加工深度的增加而显著提高。类似的研究还有Rhodes和Anastasi(2000)的,他们在数元音字母任务、词语的具体性/抽象性判断任务和分类任务中也发现了相似的结果,即被试的加工水平越深(如具体性判断和分类任务),对学过项目的回忆越好,对关键诱饵的错误回忆也越高。

其次,错误记忆中也存在与真实记忆类似的自我参照效应。记忆中的自我参照效应(self-reference effect,SRE)是由Rogers等(1977)在实验中发现的现象,他们使用加工水平范式发现,记忆材料与自我相联系时的记忆成绩比其他编码条件下要好,并将此现象称为自我参照效应。自我对记忆的促进作用在多种情况下稳定存在,这可能与自我参照是一种丰富、有效的编码过程有关(Rogers,Kuiper,& Kirker,1977)。根据加工水平理论,编码阶段的不同任务可导致被试对材料的不同加工水平,那些在编码阶段有更深的加工或语义加工的任务可形成更强的记忆痕迹,进而成为后来偶然回忆的有效线索。自我是一种"上位图式",其中包含对个人过去经验的加工、解释和记忆,可导致更深层水平的加工,从而促进记忆。但另一方面,高水平的加工过程在促进正确记忆的同时,是否也会易化错误记忆呢?为了回答该问题,周楚、王俭勤和周文佳(2004)采用DRM范式,设置了三种参照对象条件(即自我、他人和中性参照),首次考察了错误记忆的自我参照效应。结果发现,自我参照条件下的错误再认率显著高于其他两个条件,且与该条件下的正确再认率几乎相等;而且,无论是正确记忆还是错误记忆,自我参照条件下的回忆成分均显著多于他人和中性参照,但熟悉性成分在三种条件下没有差异;在实验二中,即使将词表中的学习项目由分组呈现变为随机呈现,错误记忆的自我参照效应仍稳定存在。该结果首次揭示了自我参照在促进正确记忆的同时,亦可易化错误记忆效应。Wang、Otgaar、

错误记忆

Howe 和 Zhou(2018)进一步完善了实验设计,并比较了来自东方(中国)和西方(荷兰)的不同群体是否存在自我参照错误记忆效应的差异。结果再次发现错误记忆的自我参照效应稳定存在,但同时也发现,在净准确率指标上,自我参照条件并没有表现出很强的记忆优势。错误记忆在自我参照条件下所表现出来的与真实记忆类似的效应也支持了二者之间存在着一定的共变关系。

此外还有研究发现,生存加工可同时促进真实记忆和错误记忆。生存相关记忆的研究兴起于 Nairne 等(2007),他们第一次在实验室中从实证的角度考察了记忆系统在生存问题上的适应性。Nairne 等的实验采用间接学习范式,事先并不告知被试之后有记忆测验。实验中首先让被试想象自己处于不同的情景(草原求生和其他非生存场景)下,并对词表项目和该情景的相关性进行打分,评分结束后插入分心任务,最后让被试对学过的词表项目进行再认或自由回忆。结果发现,草原求生情景下词表项目的记忆效果最好,这种优势效应被称为记忆的生存加工优势(survival processing advantages)。后来,有多项研究结果支持了这一结论(如 Kang, McDermott, & Cohen, 2008; Narine & Pandeirada, 2008; Narine, Pandeirada, & Thompson, 2008; Otgaar & Bergen, 2010)。对此,研究者给出的解释是,生存和繁衍是人类面临的最重要的适应性问题,面对生存压力,记忆系统会做出一定的"调整"来更好地适应环境。长此以往,相较于其他信息,人类更能够记住那些与适应相关的信息,这可以有效提高人类生存的机会。

在生存加工优势发现之初,研究者们都聚焦于生存加工对记忆准确性的提升上,然而后来有研究发现,生存加工优势提高的不仅是正确记忆,还有错误记忆。例如,Howe 和 Derbish(2010)改进了 Narine 等(2007)的实验范式,将实验材料由中性词汇变为负性、中性和生存相关三种词汇,结果发现,相比中性和负性词汇,生存相关词汇对错误记忆的易感性最强,这种超强的易感性会导致记忆更加不准确。同样地，Otgaar 和 Smeets(2010)引入净准确率(net accuracy,净准确率＝正确记忆/(正确记忆＋错误记忆))作为测量指标，结果发现生存加工在提高学过词语的正确再认率的同时，也促进了对关键诱饵的虚报率，即产生了更高的错误记忆。陶艺冬、苏曼和周楚(2015)在研究中通过操纵故事材料的生存属性进一步考察了人们对生存故事的记忆优势，实验采用了故事的生存属性(生存故事/非生存故事)×阅读方式(有意学习/自然阅读)两因素混合设计。结果发现，无论是有意学习还是自然阅读条件下，被试对生存故事内容的记忆效果都显著优于非生存故事，更重要的是在生存故事情境下，也诱发出更多的错误回忆和错误再认，说明生存加工在促进正确记忆的同时，也可能会易化错误记忆效应。

在个体差异研究的视角下，研究者们在对普通人群的记忆进行研究的同时，也将目光转向了那些过目不忘的记忆天才们，考察其天生的记忆优势是否会保护他们免受其他信息的干扰。以超级自传体记忆(highly superior autobiographical memory,HSAM)群体为例，这类人与生俱来就具有非凡的自传体记忆能力，这是一种天赋而非后天训练所得。Patihis 等(2013)对HSAM 个体的错误记忆现象进行了研究。他们在实验中采用了多种典型的错误记忆研究范式。第一种条件下，要求实验组(HSAM 个体)和控制组(在年龄和性别上与 HSAM 被试匹配的普通人)一起学习 DRM 词表，结果发现，实验组和控制组对关键诱饵的错误再认率并无显著差异；第二种条件下，要求实验组和控制组学习相同的实验材料并接受同样的误导信息，结果发现，HSAM 被试不仅没有对错误记忆免疫，反而比控制组产生了更多的错误记忆。第三种条件下采用虚构新闻录像范式(nonexistent news-footage paradigm/crashing memory paradigm)，实验中告诉被试在美国宾夕法尼亚州曾经发生过一次真实的坠毁新闻(其实是虚构的新闻)，然后让被试回忆自己是否见过这个新闻，结果发现，20％的 HSAM 个体和 29％的

错误记忆

普通人被试报告他们确实见过这个新闻,两者的错误率没有显著差异。第四种条件下采用的是想象膨胀范式,结果也发现,实验组和控制组被试都不能对错误记忆免疫。这一系列的实验结果表明,在自传体记忆上有如此突出表现的 HSAM 个体,他们对错误记忆的易感性也和普通人一样,并不能幸免于记忆的扭曲。

7.1.2 与真实记忆的分离

尽管在上述情况下,可观察到错误记忆效应会随着真实记忆的提升而增强,但也有相当数量的研究发现,多种因素对错误记忆和真实记忆的影响是存在差异甚至是相反的。也就是说,在有些条件下,错误记忆会与真实记忆发生分离。

错误记忆发生时所伴随的主观体验与真实记忆存在相似性(如 Roediger & McDermott,1995),但也存在一定的差异。Jou 等(2004)采用 DRM 范式比较了错误记忆和真实记忆在客观指标和主观评定上的异同。实验一的结果显示,被试对关键诱饵进行虚报时的反应时显著长于对学过项目进行击中判断时的反应时;实验二在测量反应时的同时还评估了被试的自信心水平,结果发现被试对学过项目的自信心判断要显著高于未呈现过的关键诱饵。说明错误记忆和正确记忆在客观和主观水平上均存在差异。该研究结果与 Roediger 和 McDermott(1995)所发现的错误记忆与正确记忆有相似的现象学主观体验(即相似的"记得"判断)有所不同。但由于 Roediger 等的研究中是对回忆后的再认判断结果进行主观评定,因此可能是由于在先前的回忆测验中被试已经错误地提取出关键诱饵,进而导致在后来进行再认测验时,被试对关键诱饵的错误判断充满信心,也就是说先前的回忆强化了后来错误再认的主观体验。而 Jou 等(2004)仅考察了被试在再认测验中的主观体验,且要求被试对自己的"是"或"否"反应作出 4 点评分,而非使用 R/K 判断,这也可能是现有结果存在差异的原因。另一方面,Jou 等引入了反应时作为因变量指标,发现产生错误记忆时被试再认判断的反应时较长,该指标要比以往研究中使用再认率更能敏感地探测到正确再认和错误再认过程中可能存在的反应差异,未来研究还可再进一步深入对此进行探讨。

真实记忆存在学习效应,表现为记忆的准确性通常会随着学习程度的增加而增加,但学习程度对错误记忆的影响则可能恰好相反。郭秀艳、周楚和周梅花(2004)采用 DRM 范式考察关联性、学习程度和时间间隔对错误记忆的影响,结果发现低学习程度(学习 1 遍)和中等学习程度(学习 3 遍)下的错误再认率显著高于高学习程度(学习 6 遍)下的错误再认率,说明错误记忆可随着学习程度的增加而降低。McDermott(1995)让被试学习三列词表之后进行了五次"学习+测验"的重复任务,结果发现正确回忆率不断提高并很快地接近了最高限度,而错误回忆率则大幅度的降低。Brainerd 等(2003,实验二)和 Tussing 和 Greene(1999,实验五)的研究中也发现了类似的结果,即正确回忆率或正确再认率均随着重复学习的增加而提高,对关键诱饵的错误回忆率或错误再认率则随之而降低。这些研究结果可以说明在不同学习程度条件下,人们的错误记忆与正确记忆的表现可发生分离。学习程度的变化实际上影响了被试对学过项目的记忆清晰程度,随着学习遍数的增加,被试对学过项目的记忆痕迹越来越深,记忆清晰度越来越高,进而使得各个项目之间的内在区分性提高,这会促进被试的正确记忆效果,与此同时也就减少了被试将未学过项目错误地提取出来的可能性。有研究发现,增加学习项目之间的可区分性可以降低错误记忆的可能性(Israel & Schacter,1997),减少内在可区分性则增加对关键诱饵的错误记忆的可能性(Pesta,Murphy,& Sanders,2001)。Schacter 等曾指出可以用区分性启发式(distinctiveness heuristic)来解释未学过项目的错误记忆现象,他们

错误记忆

认为区分性启发式是一个元记忆过程,它有助于被试在提取相应信息时决定测验项目是否被学习过。判断一个项目是否被记住的依据是要获得相应的该项目出现过的区分性信息,如果这种区分性缺失,被试便会认为测验项目没有被学习过。

而且,如第三章所述,对错误记忆的遗忘效应方面的研究也发现,随着时间的推移,正确记忆会表现出典型的遗忘效应,但错误记忆则可能在很短暂的测验延迟条件下相对稳定(郭秀艳,周楚,周梅花,2004;杨治良,周楚,万璐璐,谢锐,2006),在较长的时间间隔下可以保持不变(Brainerd, Payne, Wright, & Reyna, 2003;McDermott, 1996;Payne, Elie, Blackwell, & Neuschatz, 1996;Toglia, Neuschatz, & Goodwin, 1999)。在某些条件下,尽管错误记忆会表现出与正确记忆一样随着时间间隔的延长而显著下降,但相对而言,错误记忆也会比正确记忆保持得更好些(Seamon等,2002;Thapar & McDermott, 2001)。上述研究结果都说明,与真实记忆相比,错误记忆在绝大多数情况下不具有时间上的衰退效应,一旦产生就极其顽固,不容易消退。错误记忆和真实记忆在时间效应上发生了分离,表现出不同的遗忘特点,其原因可能是:一方面被试对学过项目的表征激活水平随着时间而明显减弱,但另一方面通过其他语义相关的学过项目的无意识联想反应,产生了对关键诱饵的连续重复的无意识激活,使得对关键诱饵的表征激活得以保持,最终导致了错误记忆没有发生时间上的变化。

综上所述,错误记忆与真实记忆之间存在着较为复杂的关系。一方面,在一定条件下,错误记忆与真实记忆存在共变,即记忆准确性提高的同时也会带来更高水平的错误记忆效应;另一方面,错误记忆与真实记忆在某些条件下会存在差异或发生分离。甚至,在某特定变量(如年龄)的影响下,这种共变和分离也可以并存。例如,错误记忆的发展性研究揭示,衰老可导致正确记忆下降,却可使错误记忆提升,表现为二者的分离;错误记忆的发展性逆转效应又揭示了从儿童到成年早期，可观察到错误记忆和正确记忆的共同提升，表现为二者的共变。错误记忆与真实记忆在行为层面所表现出的既相似又不同的特点，使研究者们对错误记忆与真实记忆背后的加工过程是同一机制的不同方面还是两个不同的加工机制方面一直存在争议。近年来认知神经方面研究的发现或可为回答此争议提供一些实质性的证据。

最后，新近也有研究通过操纵词表中学习项目的呈现时间，考察当学习项目呈现在知觉觉察阈限之下时，是否依然会产生对关键诱饵的错误记忆(Sadler, Sodmont, & Keeferl, 2018)。结果发现，当词表项目的呈现时间为43 ms时，不论呈现时是否有掩蔽刺激，被试对词表项目的正确再认率和对关键诱饵的错误再认率都很高；但如果将词表项目的呈现时间缩短为29 ms且有掩蔽刺激时，正确再认和错误再认几乎都会消除，说明对关键诱饵的错误记忆依赖于人们对词表中学习项目的一定水平的加工，当被试无法觉察词表项目时，错误记忆效应会消失。类似研究的结果揭示，错误记忆是在真实记忆的基础上产生的，换句话说，真实记忆是错误记忆的根源。

错误记忆与真实记忆之间的关系模式还有待进一步的深入挖掘，对二者之间复杂关系的探讨将为我们更好地理解人类记忆的本质提供基础。作为记忆系统特征的典型表现之一，记忆中的错误稳定存在且难以消除，这促使我们去思考其存在的意义与价值。

7.2 错误记忆的适应性价值

早期的记忆研究者认为，错误记忆是认知加工过程的缺陷，反映了记忆系统的功能性缺失(Anderson & Milson, 1989)，错误记忆的产生往往伴随着相对较低的智力和知觉能力(Zhu等, 2010)、脑区的受损(Moulin, Conway, Thompson, James, & Jones, 2005; Schnider, 2008)等。近年来

错误记忆

的大量研究发现,记忆提取过程并不是对过去事件的真实表征的再激活,而是重新激活一些并不完整的记忆碎片并将它们整合在一起再现出来。这些不完整的记忆表征可能来自于真实事件,也可能来自于与之有关联的其他事件,因此会导致常见的提取错误。事实上,错误记忆可以因误归因、暗示或偏差而引发,它是日常记忆的一个正常组成部分(Schacter,1999,2001)。

记忆系统所表现出的扭曲或错误极有可能是适应性过程加工的产物。和真实记忆一样,错误记忆也是记忆系统非常强大而有效的功能,其存在具有适应性意义。很多来自行为学和神经成像方面的研究均证实了该观点。

7.2.1 错误记忆有助于问题解决

在传统的观点里,真实记忆促进问题的解决,而错误记忆则是解决问题的绊脚石。然而,近几年的研究发现,错误记忆也有助于问题的解决,比如错误记忆可以促进内隐和外显记忆任务的解决(McKone & Murphy, 2000),即使是一些比较复杂的认知任务,错误记忆依然可以促进其解决(Howe, Garner, Charlesworth, & Knott, 2011; Howe, Garner, Dewhurst, & Ball, 2010; Howe, Threadgold, Norbury, Garner, & Ball, 2013)。

对错误记忆和问题解决的研究始于顿悟型问题(insight-based problem),在实验室中一般以复合远距离联想任务(compound remote associate tasks,CRAT)为例研究顿悟型问题。CRAT问题的任务是:给被试呈现三个词语,要求被试找出一个词使之与这三个词均可匹配成有意义的词组(Mednick, 1962)。顿悟问题的解决取决于激活扩散的过程,即大脑中与学习项目相关词语的持续激活,直到正确答案出现为止(Bowden, Beeman, Fleck, & Kounios, 2005)。错误记忆的产生同样也是激活扩散的结果(Howe, Wimmer, & Blease, 2009; Roediger & McDermott,

1995)。若两者基于同样的理论机制,它们之间是否会存在联系?

为了回答这一问题,研究者做了一系列的实验。Howe 等(2010)让一半被试在解决 CRAT 问题(如找出一个词与"窗户、咬、房屋"相匹配,答案:蜘蛛)之前,先学习一系列的 DRM 词表(如:网、昆虫、飞),使 DRM 词表的关键诱饵(如:蜘蛛)恰好是 CRAT 问题的答案,而另一半被试不学习 DRM 词表。结果发现,学过 DRM 词表并产生对关键诱饵的错误记忆的个体在解决 CRAT 问题的速度和正确率上均显著高于没有学习过 DRM 词表的个体。在儿童被试身上也发现了这一现象(Howe, Garner, Charlesworth, & Knott, 2011)。

除了顿悟型问题,错误记忆还可以促进言语类比推理任务(verbal analogical reasoning)等更高级别复杂问题的解决。Howe、Threadgold、Norbury、Garner 和 Ball(2013)在研究中考察了类比推理问题解决启动对正确记忆和错误记忆影响。与先前的研究方法相似,他们让儿童和成人被试先接受 DRM 词表启动,然后解答九个言语类比推理问题(如,水:船∷道路:____),其中三个题目的答案(即关键诱饵,如汽车)事先在词表中呈现过(真实记忆启动),三个题目的答案(即关键诱饵)事先并未在词表中出现,三个题目事先没有任何启动。在控制了问题解决正确率上的年龄差异后,结果发现,成人被试的问题解决速度明显比儿童要快,而且,在接受了错误记忆启动后,儿童和成人的问题解决速度都要明显快于真实记忆启动和无启动条件。但是在前面的研究中,问题解决过程都是需要借助与产生错误记忆相类似的扩散激活机制来完成,而不是单纯地使用复杂推理过程。因此,Howe、Garner、Threadgold 和 Ball(2015)进一步考察了在缺少简单语义联想激活的情况下,错误记忆的启动是否仍然可促进复杂类比推理任务的解决。在他们的实验一中,使用了语义关联较少的言语比例类比推理问题(如,四:猫∷八:____;鸡蛋:蛋黄∷李子:____),同时还控制了负向

错误记忆

联想强度以减少或消除类比项之间的语义关联,结果发现当类比项中的负向联想强度消失时,依然能够看到明显的错误记忆对类比推理任务的启动效应,说明错误记忆启动的有效性也可以拓展到复杂的类比推理问题解决上。

错误记忆在一般性的问题解决上可起到积极的作用,这种记忆的适应性也可体现在解决生存相关的问题上。Howe、Garner和Patel(2013)选取儿童和成人作为被试,首先用中性和生存相关的DRM词表对被试进行启动,再让他们解决和年龄相匹配的CRAT任务。同样的,DRM词表的关键诱饵就是CRAT任务的答案。结果发现,无论对于儿童还是成年人,生存相关的错误记忆比中性错误记忆可以更好地启动问题解决任务。更进一步,Garner和Howe(2014)的实验要求被试完成两项任务,任务一是对DRM词表中的项目分别进行与生存和非生存(如搬家)场景相关性的评分(被试间设计),任务二为解决CRAT问题(被试内设计,一半被试的CRAT问题的答案和关键诱饵一致,另一半无关)。实验中告知被试两组任务彼此独立。结果发现,被错误记忆启动过的CRAT题目可以得到更好的解答;而同样被错误记忆启动的问题中,由生存情景引发的错误记忆的启动效应又优于搬家情景,也就是说,生存情景启动的错误记忆使被试后续解决了更多的CRAT问题。

这些结果都说明在特定条件下,错误记忆对认知功能有益,错误记忆的这一启动效应是适应性的机能之一,支持了错误记忆本身具有适应性价值的观点。

7.2.2 错误记忆与创造力有关

产生错误记忆的能力可以很好地预测人们在解决CRAT问题上的表现。远距离联想测验本身也是测量创造力的有效工具(王烨,余荣军,周晓林,2005)。早期有研究发现,创造力与儿童时期的错误记忆呈显著正相关(Hyman & Billings,1998)。创造力是一种复杂的智力,其中包含了多种不同类型的认知能力,它的操作性定义有两个维度:一个是聚合性思维(convergent thinking),是指对某一类问题得出一个最佳答案的能力,即个体产生更多更广泛的联想的能力,通常用 RAT(同 CRAT)来测量;另一个是发散性思维(divergent thinking),是指对单一问题的多种解答,即个体能想出一个常见物体的多种用途的能力,通常用多用途任务(alternative uses task,AUT)来测量。

Dewhurst 等(2011)认为,个体的聚合性思维能力和错误记忆息息相关,因为两者都依赖于语义联想的激活。为了验证该假设,他们在实验中要求每个被试均完成三个任务,一个任务是对 DRM 词表的学习和测试,另外两个任务则分别是对聚合性思维能力和发散性思维能力的测试(RAT 和 AUT)。结果发现,被试对关键诱饵的错误再认与在聚合性思维能力测试上的表现之间存在显著正相关,而与发散性思维则无显著相关。该研究结果说明,对 DRM 错误记忆的易感性仅可以预测人们在远距离联想任务中的表现,这是因为在该任务中对个体能够生成大量联想的能力要求较高,这与联想型错误记忆的产生机制相似。

7.2.3 错误记忆可促进智力测验类任务

不管是问题解决还是创造力,对于人类的生存来说都是至关重要的,错误记忆在其中也都起到了重要的作用。对于在生存中同样至关重要的智力问题,错误记忆是否也对其存在影响? Otgaar 等(2015)采用改编后的知觉闭合任务(perceptual closure task)首次研究了这个问题。知觉闭合任务是智力子测验的一种,在该任务中,先给被试看一张图片,图片的部分片段由清晰逐渐转为暗淡,然后让被试尽可能快地将消失的部分还原。在实验中

错误记忆

被试将完成三个任务：任务一为 DRM 词表学习；任务二为再认测验，需要判断词语是否学习过；任务三为改编后的知觉闭合任务，向被试呈现模糊的词语（包括学过项目、关键诱饵和无关项目），随着时间推移，该词语将逐渐清晰，在这个转变过程中，被试一旦识别出词语便立即做按键判断反应并由程序记录其反应时。实验结果显示，对关键诱饵进行识别判断的反应时显著短于其他两类词语。实验二中取消了再认测验，并在学习阶段将关键诱饵与词表中第一或第二位置的学习项目互换（即关键诱饵成为学习项目，而原本词表中第一或第二位置的项目成为"关键诱饵"），也发现了同样的效应，说明错误记忆启动对智力问题的解决也起到了非常重要的作用。

7.2.4　错误记忆适应性的神经生理学证据

错误记忆具有适应性价值，这一观点也得到了一些神经成像研究结果的证实。例如，有研究发现，内侧颞叶损伤的遗忘症患者会表现出基于联想和要点的错误再认的减少（Schacter, Verfaellie, & Koutstaal, 2002），表明这种错误记忆是健康记忆系统的正常反映，标志了记忆系统的健康运转。而且，产生基于联想和要点的错误再认时所激活的脑区与正确再认时激活的脑区有很多重叠（Abe 等, 2008；Dennis, Kim, & Cabeza, 2008；Slotnick & Schacter, 2004）；在基于要点的错误记忆研究中还发现，错误地再认全新的且与学过材料无关的刺激时的脑区（可能与猜测或某种反应偏向有关）与正确再认时并不相同（Garoff-Eaton, Slotnick, & Schacter, 2006），说明基于要点的错误记忆与真实记忆的神经活动更相似。

一些对编码阶段所进行的神经成像研究也发现，在编码类别词语和一般客体时会伴随左腹侧额叶（left ventrolateral prefrontal cortex）活动的增强（Garoff, Slotnick, & Schacter, 2005；Kim & Cabeza, 2007；Kubota 等, 2006），这与随后对关联项目的基于要点的错误再认率的提高有关，也与后来的正确再认有关。编码阶段对语义的精细加工在促进长时记忆保持上是具有适应性功能的,但它同时也促进了联想型错误记忆的发生。

此外,还有研究发现,编码阶段的情境性联想也可导致错误记忆,这同样是适应性加工的结果。Aminoff、Schacter 和 Bar(2008)让被试对一系列成对的物品图片进行编码,同时进行 fMRI 扫描,其中物品间关系可以分为两种,一种是二者都属于同一个情境(即强背景联系,如:推土机和建设路锥,奶瓶和婴儿车),另一种情况下二者之间没有联系或不属于同一特定情境(即弱背景联系,如:相机和剪刀),指导语要求被试尽可能地想象将两个物品置于同一个情境中。第二天,对被试进行再认测验,再认测验的项目包括先前学习过的物品、无关的新物品和与先前学习过的物品存在情境性关联的新物品(即关键项目,如:建筑头盔、婴儿床)。结果发现,在编码阶段激活的与情境性加工有关的皮层区域(如压后皮质、内侧前额叶、侧顶叶皮层)可以预测后来对有情境关联物品的错误再认。压后皮质区域与对情境的加工紧密相关(Bar & Aminoff, 2003),情境加工可帮助人们预测特定情景下可能会出现什么,进而易化对情境中刺激的再认,该过程本身具有高度的适应性意义,但这种适应性的认知加工过程也会以错误再认为代价。

7.3 未来研究的主要趋势

7.3.1 错误记忆的适应性视角

近年来,适应性记忆(adaptive memory)的概念被正式提出并引发了相当数量的研究,此类研究从适应性的视角重新看待了记忆以及错误记忆的本质。记忆的适应性视角指出,人类的记忆系统在功能上是为解决适应性问题服务的(Nairne, 2014)。Narine、Thompson 和 Pandeirada(2007)率先

错误记忆

从实证的角度考察了记忆系统在生存问题上的适应性,并发现了记忆的生存加工优势(详见本章7.1.1部分)。也有研究发现生存加工不仅可以促进真实记忆,在某些条件下,也同时导致了产生错误记忆的可能性的提高(陶艺冬,苏曼,周楚,2015;Howe & Derbish,2010;Otgaar & Smeets,2010)。对此,可以用第四章中所阐述的几种错误记忆的理论模式来进行解释。根据联想激活理论和激活/监测理论,错误记忆和正确记忆的发生都依赖于相关信息在记忆网络中的激活,生存加工促使个体产生了更多的正确记忆,正确记忆发生时激活在记忆网络中会扩散到与之相关的其他项目,最终导致错误记忆效应的增强。根据模糊痕迹理论,正确记忆依赖于字面痕迹加工,错误记忆依赖于要点痕迹加工,任何增加要点记忆的操纵都会同时增加记忆提取中的正确率和错误率,而生存加工是很依赖于要点加工的(Otgaar & Smeets,2010)。

上述理论可以解释生存加工对错误记忆的促进作用,但错误记忆在适应过程中究竟起着什么样的作用?Howe和Derbish(2010)认为,除非是对生存至关重要的信息,否则生存相关的信息没有必要要求非常高的准确性,因为生存加工导致的错误信息也与生存密切相关,可以帮助个体更加警惕周围的环境从而更好地生存下来,这样的特征对于生存来说也是不可缺少的。然而,这仅仅是一种推测性的解释。

在这条研究路径上,我们尚不清楚为什么适应性的加工过程会导致错误记忆的产生,以及适应性加工是如何影响错误记忆的(Schacter, Guerin, & St. Jacques, 2011),这还有待未来的进一步研究证实。

7.3.2 错误记忆与无信念记忆

无信念记忆(nonbelieved memory,NBM)是指在一些情况下,个体虽然不再相信某些自传体事件是过去发生过的真实经历,但对事件的特征仍然

第七章 总结与展望

有着生动回想的现象(Mazzoni, Scobiria, & Harvey, 2010)。Mazzoni 等(2010)首次对现实生活中发生的无信念记忆进行了系统的研究,发现有20%的人报告称有过无信念记忆的体验,而且,无信念记忆的现象学特征和被人们所相信的记忆(believed memory)在感知觉上的细节、再体验感等方面非常相似。

自 2010 年无信念记忆被界定以来,研究者们使用的错误记忆植入范式(false-memory implantation paradigm)、DRM 范式、动作的想象膨胀范式(imagination inflation for actions)、篡改录像范式(doctored-video procedure)、事件间接提示范式(indirect cuing of events)等多个研究范式均证实了无信念记忆的存在(Clark, Nash, Fincham, & Mazzoni, 2012; Mazzoni, Clark, & Nash, 2014; Otgaar, Moldoveanu, Wang, & Howe, 2017; Otgaar, Scoboria, & Smeets, 2013; Scoboria, & Talarico, 2013; Wang, Otgaar, Howe, Smeets, Merckelbach, & Nahouli, 2017)。

无信念记忆概念的提出首次区分了记忆提取过程中的回想和信念两个不同的过程。无信念记忆的特点是具有较高的回想与较低的信念,这与过去记忆研究的重点——即被人们所相信的记忆是有很大区别的。后者因为同时具备较高的回想和较高的信念,往往使研究者们忽略了回想与信念的区别,无信念记忆的提出使这两个概念被很好地区分开来。Scoboria 等(2014)通过结构方程建模发现,预测回想的因子(如知觉、再体验)与预测信念的因子(如可信度)是不同的,更好地说明了回想与信念可能是两个分离的概念,为回想与信念相互独立的观点提供了实证研究的支持。该观点目前已经得到了越来越多实证研究的支持(Otgaar, Moldoveanu, Wang, & Howe, 2017; Wang, Otgaar, Howe, Smeets, Merckelbach, & Nahouli, 2017),这为无信念记忆的存在提供了有力的证据。

无信念记忆的发现同样引发了人们对无信念错误记忆存在的可能性的探

错误记忆

讨。当无信念记忆的对象是一段错误记忆时，所产生的便是无信念错误记忆（nonbelieved false memory）。事实上，现实生活中的无信念记忆产生的原因大部分是由于他人的反馈或者事件本身在现实中发生的可能性极低，因此这些无信念记忆绝大多数都属于无信念错误记忆。而在实验室中诱发无信念记忆时，使被试信念下降主要是通过对社会反馈的操纵，对于错误记忆而言，主试反馈的是事实，而对于正确记忆而言，主试反馈的实际上是错误信息，这使得在实验中诱发无信念错误记忆往往比诱发无信念正确记忆更加容易操作。而且，先前用以诱发错误记忆的研究范式都可以通过增加对社会反馈的操纵而发展成为无信念错误记忆的诱发范式（Otgaar, Scoboria, & Smeets, 2013）。目前为数不多的有关无信念错误记忆的研究发现，无信念错误记忆在发生比例、特征、产生原因等方面与无信念正确记忆类似（Clark, Nash, Fincham, & Mazzoni, 2012; Mazzoni, Clark, & Nash, 2014; Wang 等, 2017）。

Otggar 等（2017）曾使用中性和带有一定消极属性的 DRM 词表对被试产生的无信念正确记忆及无信念错误记忆进行了探究，结果未发现两种不同类型词表之间的差异。分析其原因可发现：首先，他们在实验中使用的消极词表是与生存相关的，并非严格意义上的消极词表；其次，该研究中仅比较的是消极词与中性词之间的差异，并未系统地对情绪效价进行操纵；最后，研究中并未控制情绪的唤醒水平，事实上情绪的唤醒水平可能会与效价共同对无信念错误记忆产生影响。为了厘清该问题，周楚等在一项暂未发表的研究中系统地操纵了情绪效价和唤醒水平两个变量，并使用严格意义上的情绪性词表，考察了情绪的效价和唤醒水平对无信念错误记忆可能存在的影响。实验结果显示，情绪的唤醒显著影响了无信念错误记忆生成的数量，表现为高唤醒词比低唤醒词生成了更多的无信念错误记忆，说明情绪唤醒对无信念错误记忆的产生有重要的作用。

基于记忆与信念分离的视角，我们可以重新审视以往的错误记忆研究。

例如,在想象膨胀范式中,改变的究竟是人们对事件的记忆,还是仅仅为人们对自身记忆的信念?对无信念记忆乃至无信念错误记忆的研究也成为了当前记忆研究的新方向。

7.3.3 错误记忆与未来情景思考

另外一条研究路线沿着记忆与未来之间的关系展开。人们常对过去经历过的特定事件进行回忆、对未来可能发生的事件进行想象或模拟。未来情景思考(episodic future thinking)是对个体未来生活中可能会发生的特定事件或情景所进行的想象或模拟,其中包含对未来可能发生的情景或场景的建构(Atance & O'Neill, 2001; Schacter, Benoit, De Brigard, & Szpunar, 2015; Szpunar, 2010)。例如,想象未来某一天自己的生日庆祝会场景,其中将包含庆祝会细节、在何处举行、桌上的生日蛋糕和蜡烛以及来自朋友的祝福等。未来情景思考不仅涉及对未来的简单想象,而是一个以目标为导向的加工过程,人们通常为解决当前或将来的问题而进行情景思考;而且未来情景思考带有一定的自传体性质,与个人生活经历息息相关。

人们对未来情景的想象与其回忆过去之间有很多共性。二者有着相似的认知加工机制(D'Argembeau & Van der Linden, 2006; D'Argembeau & Mathy, 2011; Szpunar & McDermott, 2008);而且,一些遗忘症患者会表现出在想象未来或全新事件中的缺陷(Addis & Schacter, 2012),相似地,对阿尔茨海默症、抑郁症和精神分裂症等群体的研究也发现,他们在回忆过去时存在的缺陷也同样存在于其想象未来之中。此外,神经成像研究发现,回忆过去与想象未来均与包括内侧前额叶、额极皮层、内侧颞叶(海马和海马旁回)、外侧颞叶皮层、内侧和外侧顶叶以及压后皮质和后扣带回在内的特定脑系统(即默认网络)有关(Addis, Wong, & Schacter, 2008; Schacter & Addis, 2007; Schacter, Addis, & Buckner, 2008; Szpunar, 2010)。

错误记忆

据此，Schacter 和 Addis(2007)提出建构性情景模拟假说(constructive episodic simulation hypothesis)来阐释情景记忆与未来情景思考之间的关系。该假说认为，过去和未来事件利用了相似的信息且依赖于相似的加工机制，情景记忆是建构未来事件的基础，人们在建构未来事件时需要从情景记忆中抽取已存储的信息并重组为一个全新的模拟事件。从这个观点来看，建构性记忆系统的一个重要的核心功能便是将过去信息用于未来事件的成功模拟或想象。使用过去经验来预期将来可能发生的事情是建构性记忆系统的高度适应性表现，因为它允许个体在不需要消耗实施真实行为所需资源的情况下，便能在心理上"尝试"不同的即将到来的情景(Schacter，2012)。模拟未来场景需要一个可以灵活地抽取和重组先前存储信息的系统，这种灵活性的代价就是在重组元素去想象的时候容易产生记忆扭曲。而且，想象未来与想象过去在时间指向上虽有不同，但其内在过程却基本一致。正如标准的想象膨胀范式所揭示的那样，人们对童年生活事件的想象或模拟也会导致更高的错误记忆的可能性。

建构性情景模拟假说在记忆与未来情景思考之间建立了联系，同时也指出错误记忆的产生可能是建构性记忆系统的灵活性所带来的结果。建构性情景模拟假说已得到了大量研究的支持，但该理论中有关错误记忆部分的阐述目前仍处于假设阶段，还需要实证研究去进一步证实。

结语

目前为止，我们对于错误记忆现象的研究和理解还远远不够。首先，尚未有一个完善且公认的理论模型能够对错误记忆现象的产生机制和本质给出完满的解释，这意味着未来还需要更为深入的研究去进一步揭示错误记忆的机制及其特点，而且，对错误记忆现象背后的神经机制的探讨更是初窥

第七章 总结与展望

门径。其次,对于错误记忆随个体的成熟而呈现出来的发展趋势,以及不同个体对错误记忆的易感性的差异,这些研究也才刚刚起步。再次,尽管早期一些研究者认为,不同范式下所揭示的错误记忆现象之间可能是不同的,但新近的行为实验和神经成像研究已经在一定程度上在不同范式之间架起了沟通的桥梁,使我们更接近对不同范式下所揭示的错误记忆现象的本质是否相同的问题的答案。但对该问题的回答仍需谨慎。此外,如果错误记忆确实是适应性机制的反映,到底是何种适应性认知加工过程导致了错误记忆的发生?上述所有尚未得到完满回答的问题都构成了未来错误记忆研究的主要方向。

最后,正如开篇所提到的,无数的事实和科学研究的结果告诉我们,记忆并非坚如磐石,它不仅容易逝去,甚至还能轻易地发生改变,记忆中的错误可谓无时无处不在。当然,这并不意味着我们不该信任自己的记忆,相反,记忆中存在的这些错误在某些情况下恰恰是人类适应机制的体现,这使得时时伴随着真实记忆而存在的记忆中的错误成为人类记忆的独特而有魅力的一面。而对错误记忆机制的深入挖掘既是我们研究错误记忆现象的最初目的,也必将引领我们达到深入理解记忆过程的本质的最终目标。我们相信,随着时间的推移,覆盖在这个有趣而重要的心理现象之上的层层神秘面纱将被逐渐揭开……

错误记忆

参考文献

陈晓云. (2015). 目击证人辨认问题研究——法学与心理学之双重视角. 北京:中国检察出版社.

弗雷德里克·C·巴特莱特. (1998). 记忆:一个实验的与社会的心理学研究. 黎炜,译. 浙江:浙江教育出版社.

耿海燕,朱滢,李云峰. (2001). 错误再认:意识、注意和刺激特性. 心理学报, 33(2), 104—110.

郭秀艳,张敬敏,朱磊,李荆广. (2007). 误导信息效应中年龄差异与自信差异初探. 应用心理学, 13(4), 291—296.

郭秀艳,周楚,李宏英. (2013). 实验心理学(第二版). 北京:人民卫生出版社.

郭秀艳,周楚,周梅花. (2004). 错误记忆影响因素的实验研究. 应用心理学, 10(1), 3—8.

何海瑛,张剑,朱滢. (2001). 注意分散对虚假再认的影响. 心理学报, 33(1), 17—23.

李林,郭晓蓉,杨靖. (2005). 错误记忆中的新领域——想象膨胀. 心理科学, 28(1), 138—142.

李婷,李春波. (2013). 认知老化的神经机制及假说. 上海交通大学学报医学版, 33(7), 140—144.

毛伟宾. (2009). 汉语错误记忆通道效应的研究. 华东师范大学.

毛伟宾,杨治良,王林松,袁建伟. (2008). 非熟练中-英双语者跨语言的错误记忆通道效应. 心理学报, 03, 274—282.

陶艺冬,苏曼,周楚. (2015). 适应性记忆:故事记忆的生存优势效应. 第十八届全国心理学学术会议论文, 天津.

王烨,余荣军,周晓林, (2005). 创造性研究的有效工具——远距离联想测验(RAT). 心理科学进展, 13(6), 734—738.

杨治良,周楚,万璐璐,谢锐. (2006). 短时间延迟条件下错误记忆的遗忘. 心理学报, 38(1), 1—6.

杨治良,周楚,谢锐,万璐璐. (2004). The Effect of Forgetting on False Memory. Oral Presentation on, Beijing.

周楚. (2005). 错误记忆的理论和实验. 上海:华东师范大学.

周楚. (2007). 强大的错误记忆效应:词表呈现时间与呈现方式的影响. 心理科学, 30(1), 23—28.

周楚. (2009). 预警对错误记忆的影响:编码阶段通道的关键作用. 第十二届全国心理学学术会议论文. 济南.

周楚,聂晶. (2009). 错误再认的双加工机制:兼作信号检测论的分析. 心理科学, 32(2),

334—337.

周楚,苏曼,周冲,杨艳,董群. (2018). 想象膨胀范式下错误记忆的老化效应. 心理学报, *50*(12),1369—1380.

周楚,王俭勤,周文佳. (2014). 错误记忆的自我参照效应:易化的作用. 心理科学, *37*(5),1079—1083.

周楚,杨治良. (2004). 错误记忆研究范式评介. 心理科学, *27*(4),909—912.

周楚,杨治良. (2008). 预警和呈现时间对错误再认和错误回忆的影响. 心理科学, *31*(3), 546—552.

周楚,杨治良,秦金亮. (2007). 错误记忆的产生是否依赖对词表的有意加工:无意识激活的证据, 心理学报, *39*(1), 43—49.

周楚,杨治良,万璐璐,谢锐. (2004). Does Test Context Have Effect on the creation of False Memory? Oral Presentation on, Beijing.

Abe, N., Okuda, J., Suzuki, M., Sasaki, H., Matsuda, T., Mori, E., Tsukada, M., & Fujii, T. (2008). Neural correlates of true memory, false memory, and deception. *Cerebral Cortex*, *18*, 2811–2819.

Addis, D. R., Musicaro, R., Pan, L., & Schacter, D. L. (2010). Episodic simulation of past and future events in older adults: Evidence from an experimental recombination task. *Psychology and Aging*, *25*, 369–376.

Addis, D. R., & Schacter, D. L. (2012). The hippocampus and imagining the future: Where do we stand? *Frontiers in Human Neuroscience*, *5*, 173.

Addis, D. R., Wong, A. T., &·Schacter, D. L. (2008). Age-related changes in the episodic simulation of future events. *Psychological Science*, *19* 33–41.

Aminoff, E., Schacter, D. L., & Bar, M. (2008). The cortical underpinnings of context-based memory distortion. *Journal of Cognitive Neuroscience*, *20*, 2226–2237.

Anaki, D., Faran, Y. Ben-Shalom, D., & Henik, A. (2005). The false memory and the mirror effects: The role of familiarity and backward association in creating false recollections. *Journal of Memory and Language*, *52*, 87–102.

Anastasi, J. S., & Rhodes, M. G. (2008). Examining differences in the levels of false memories in children and adults using child-normed lists. *Developmental Psychology*, *44*(3), 889–894.

Anderson, J. R., & Milson, R. (1989) Human memory: An adaptive perspective. *Psychological Review*, *96*, 703–719.

Arndt, J., & Hirshman, E. (1998). True and false recognition in MINERVA2: Explanations from a global matching perspective. *Journal of Memory and Language*, *39*, 371–391.

错误记忆

Atance, C. M. , & O'Neill, D. K. (2002). Episodic future thinking. *Trends in Cognitive Sciences*, 5(12), 533 – 539.

Atkins, A. S. , & Reuter-Lorenz, P. A. (2011). Neural mechanisms of semantic interference and false recognition in short-term memory. *NeuroImage*, 56, 1726 – 1734.

Atkinson, R. C. , & Juola, J. F. (1974). Search and decision processes in recognition memory. In: D. H. Krantz, R. C. Atkinson, R. D. Luce, & P. Suppes (Eds.), *Contemporary developments in mathematical psychology: Vol. 1. Learning, memory, and thinking* (pp. 243 – 293). San Francisco: Freeman.

Bar, M. & Aminoff, E. (2003). Cortical analysis of visual context. *Neuron*, 38, 347 – 358.

Bartlett, F. C. (1932). *Remembering: A study in experimental and social psychology*. Cambridge, England: Cambridge University Press.

Baciu, M. V. , Watson, J. M. , McDermott, K. B. , Wetzel, R. D. , Attarian, H. , Moran, C. J. , & Ojemann. J. G. (2003). Functional MRI reveals an inter-hemispheric dissociation of frontal and temporal language regions in a patient with focal epilepsy. *Epilepsy & Behavior*, 4, 776 – 780.

Balota, D. A. , Cortese, M. J. , Duchek, J. M. , Adams, D. , Roediger, H. L. , McDermott, K. B. , & Yerys, B. E. (1999). Veridical and false memories in healthy older adults and in dementia of the Alzheimer's type. *Cognitive Neuropsychology*, 16, 361 – 384.

Balota, D. A. , Dolan, P. O. , & Duchek, J. M. (2000). Memory changes in healthy older adults. In E. Tulving & F. I. M. Craik (Eds.), *The Oxford handbook of memory* (pp. 395 – 409). New York, NY, US: Oxford University Press.

Balota, D. A. , & Duchek, J. M. (1991). Semantic priming effects, lexical repetition effects, and contextual disambiguation effects in healthy aged individuals and individuals with senile dementia of the alzheimer type. *Brain & Language*, 40(2), 181 – 201.

Bauer, L. M. , Olheiser, E. L. , Altarriba, J. , & Landi, N. (2009). Word type effects in false recall: concrete, abstract, and emotion word critical lures. *American Journal of Psychology*, 122(4), 469 – 481.

Beidas, R. (2002). Individual differences in the formation of false memories: Is suggestibility a predictive factor? *Colgate University Journal of the Sciences*, 77 – 92.

Bem, D. J. (1967). Self-perception: the dependent variable of human performance. *Organizational Behavior & Human Performance*, 2(2), 105 – 121.

Benjamin, A. S. (2001). On the dual effects of repetition on false recognition. *Journal of Experimental Psychology: Learning, Memory, and Cognition*, 27(4), 941 – 947.

Berkers, R. M. W. J. , Van der Linden, M. , De Almeida, R. F. , Müller, N. C. J. , Bovy, L. , Dresler, M. , Morris, R. G. M. , & Fernández, G. (2017). Transient medial prefrontal perturbation reduces false memory formation. *Cortex*, *88*, 42–52.

Bernstein, D. M., & Loftus, E. F. (2009). How to tell if a particular memory is true or false. *Perspectives on Psychological Science*, *4*, 370–374.

Blank, H., & Launay, C. (2014). How to protect eyewitness memory against the misinformation effect: A meta-analysis of post-warning studies. *Journal of Applied Research in Memory and Cognition*, *3*, 77–88.

Bookbinder, S. H., & Brainerd, C. J. (2016). Emotion and false memory: The context-content paradox. *Psychological Bulletin*, *142*, 1315–1351.

Bookbinder, S. H., & Brainerd, C. J. (2017). Emotionally negative pictures enhance gist memory. *Emotion*, *17*, 102–119.

Bowden, E. M., Jung-Beeman, M. J., Fleck, J., & Kounios, J. (2005). New approaches to demystifying insight. *Trends in Cognitive Sciences*, *9*, 322–328.

Brainerd, C. J. (2013). Developmental reversals in false memory: a new look at the reliability of children's evidence. *Current Directions in Psychological Science*, *22*(5), 335–341.

Brainerd, C. J., & Kingma, J. (1984). Do children have to remember to reason? a fuzzy-trace theory of transitivity development. *Developmental Review*, *4*(4), 311–377.

Brainerd, C. J., Holliday, R. E., Reyna, V. F., Yang, Y., & Toglia, M. P. (2010). Developmental reversals in false memory: effects of emotional valence and arousal. *Journal of Experimental Child Psychology*, *107*, 137–154.

Brainerd, C. J., & Ornstein, P. A. (1991). Children's memory for witnessed events: The developmental backdrop. In: J. Doris (Ed.), *The suggestibility of children's memory* (pp. 10–20). Washington, DC: American Psychological Association.

Brainerd, C. J., Payne, D. G., Wright, R., & Reyna, V. F. (2003). Phantom recall. *Journal of Memory and Language*, *48*(3), 445–467.

Brainerd, C. J., Stein, L. M., Silveira, R. A., Rohenkohl, G., & Reyna, V. F. (2008). How does negative emotion cause false memories? *Psychological Science*, *19*, 919–925.

Brainerd, C. J., & Reyna, V. F. (1998). Fuzzy-trace theory and children's false memories, *Journal of Experimental Child Psychology*, *71*, 81–129.

Brainerd, C. J., & Reyna, V. F. (2002). Fuzzy-trace theory and false memory. *Current Directions in Psychological Science*, *11*, 164–169.

Brainerd, C. J., & Reyna, V. F. (2012). Reliability of children's testimony in the era of developmental reversals. *Developmental Review*, *32*, 224–267.

Brainerd C. J., Reyna V. F., & Brandse E. (1995). Are children's false memories more persistent than their true memories? *Psychological Science*, *6*, 359–364.

错误记忆

Brainerd, C. J. , Reyna, V. F. , & Ceci, S. J. (2008). Developmental reversals in false memory: A review of data and theory. *Psychological Bulletin*, *134*(3),343-382.

Brainerd, C. J. , Reyna, V. F. , & Forrest, T. J. (2002). Are young children susceptible to the false-memory illusion? *Child Development*, *73*,1363-1377.

Brainerd, C. J. , Reyna, V. F. , & Kneer, R. (1995). False recognition reversal: When similarity is distinctive. *Journal of Memory and Language*, *34*,157-185.

Brainerd, C. J. , Reyna, V. F. , & Zember, E. (2011). Theoretical and forensic implications of developmental studies of the DRM illusion. *Memory & Cognition*, *39*, 365-380.

Bransford, J. D. , & Franks, J. J. (1971). The abstraction of linguistic ideas. *Cognitive Psychology*, *2*,331-350.

Brewer, W. F. (1977). Memory for the pragmatic implications of sentences. *Memory & Cognition*, *5*(6),673-678.

Budson, A. E. , Daffner, K. R. , Desikan, R. , & Schacter, D. L. (2000). When false recognition is unopposed by true recognition: Gist based memory distortion in Alzheimer's disease. *Neuropsychology*, *14*,277-287.

Budson, A. E. , Sitarski, J. , Daffner K. R. , & Schacter, D. L. (2002). False recognition of pictures versus words in Alzheimer's disease: the distinctiveness heuristic. *Neuropsychology*, *16*,163-173.

Budson, A. E. , Sullivan, A. L. , Daffner, K. R. , & Schacter, D. L. (2003). Semantic versus phonological false recognition in aging and Alzheimer's disease. *Brain and Cognition*, *51*,251-261.

Budson, A. E. , Sullivan, A. L. , Mayer E. , Daffner, K. R. , Black, P. M. , & Schacter, D. L. (2002). Suppression of false recognition in Alzheimer's disease and in patients with frontal lobe lesions. *Brain*, *125*,2750-2765.

Cabeza, R. , Rao, S. M. , Wagner, A. D. , Mayer, A. R. , & Schacter, D. L. (2001). Can medial temporal lobe regions distinguish true from false? An event-related functional MRI study of veridical and illusory recognition memory. *Proceedings of the National Academy of Sciences*, *98*,4805-4810.

Chadwick, M. J. , Anjum, R. S. , Kumaran, D. , Schacter, D. L. , Spiers, H. J. , & Hassabis, D. (2016). Semantic representations in the temporal pole predict false memories. *Proceedings of the National Academy of Sciences*, *113*(36),10180-10185.

Clark, A. , Nash, R. A. , Fincham, G. , & Mazzoni, G. (2012). Creating non-believed memories for recent autobiographical events. *PLoS ONE*, *7*(3), e32998.

Cleary, A. M. & Greene, R. L. (2002). Paradoxical effects of presentation modality on false memory. *Memory*, *10*(1),55-61.

Collins, A. M., & Loftus, E. F. (1975). A spreading-activation theory of semantic processing. *Psychological Review*, 82, 407–428.

Curran, T., Schacter, D. L., Johnson, M. K., & Spinks, R. (2001). Brain potentials reflect behavioral differences in true and false recognition. *Journal of Cognitive Neuroscience*, 13, 201–216.

D'Argembeau, A., & Van der Linden, M. (2006). Individual differences in the phenomenology of mental time travel: The effect of vivid visual imagery and emotion regulation strategies. *Consciousness and Cognition*, 15, 342–350.

D'Argembeau, A., & Mathy, A. (2011). Tracking the construction of episodic future thoughts. *Journal of Experimental Psychology: General*, 140(2), 258–271.

Deese J. (1959a). Influence of inter-item associative strength upon immediate free recall. *Psychological Reports*, 5, 305–312.

Deese J. (1959b). On the prediction of occurrence of particular verbal intrusions in immediate recall. *Journal of Experimental Psychology*, 58(1), 17–22.

Dehon H., & Brédart S. (2004). False memories: young and older adults thinking of semantic associates at the same rate, but young adults are more successful at source monitoring. *Psychology and Aging*, 19(1), 191–197.

Dennis, N. A., Bowman, C. R., & Vandekar, S. N. (2012). True and phantom recollection: An fMRI investigation of similar and distinct neural correlates and connectivity. *Neuroimage*, 59, 2982–2993.

Dennis, N. A., Kim, H., & Cabeza, R. (2008). Age-related differences in brain activity during true and false memory retrieval. *Journal of Cognitive Neuroscience*, 20(8), 1390–1402.

Dennis, N. A., Johnson, C. E., & Peterson, K. M. (2014). Neural correlates underlying true and false associative memories. *Brain and Cognition*, 88, 65–72.

Dewhurst, S. A., Howe, M. L., Berry, D. M., & Knott, L. M. (2012). Test-induced priming increases false recognition in older but not younger children. *Journal of Experimental Child Psychology*, 111, 101–107.

Dewhurst, S. A., & Robinson, C. A. (2004). False memories in children: Evidence for a shift from phonological to semantic associations. *Psychological Science*, 15, 782–786.

Dewhurst, S. A., Thorley, C., Hammond, E. R., & Ormerod, T. C. (2011). Convergent, but not divergent, thinking predicts susceptibility to associative memory illusions. *Personality & Individual Differences*, 51(1), 73–76.

Dobbins, I. G., Foley, H., Schacter, D. L., & Wagner, A. D. (2002). Executive control during episodic retrieval: Multiple prefrontal processes subserve source memory. *Neuron*, 35, 989–996.

错误记忆

Dobbins, I. G., Rice, H. J., Wagner, A. D., & Schacter, D. L. (2003). Memory orientation and success: separable neurocognitive components underlying episodic recognition. *Neuropsychologia*, 41, 318-333.

Dodd M. D., & MacLeod C. M. (2004). False recognition without intentional learning. *Psychonomic Bulletin and Review*, 11(1), 137-142.

Dodson, C. S., & Schacter, D. L. (2002). Aging and strategic retrieval processes: Reducing false memories with a distinctiveness heuristic. *Psychology and Aging*, 17, 405-415.

Dolcos, F., & McCarthy, G. (2006). Brain systems mediating cognitive interference by emotional distraction. *Journal of Neuroscience*, 26(7), 2072-2079.

Drag, L. L. & Bieliauskas, L. A. (2010). Contemporary review 2009: cognitive aging. *Journal of Geriatric Psychiatry and Neurology*, 23(2): 75-93.

Duarte, A., Graham, K. S., & Henson, R. N. (2010). Age-related changes in neural activity associated with familiarity, recollection and false recognition. *Neurobiology of Aging*, 31(10), 1814-1830.

Dysart, J. E., Lawson, V. Z., & Rainey, A. (2012). Blind lineup administration as a prophylactic against the postidentification feedback effect. *Law and Human Behavior*, 36, 312-319.

Eakin, D. K., Schreiber, T. A., & Sergent-Marshall, S. (2003). Misinformation effects in eyewitness memory: The presence and absence of memory impairment as a function of warning and misinformation accessibility. *Journal of Experimental Psychology: Learning, Memory, and Cognition*, 29(5), 813-825.

Eisen, M. L., Gabbert, F., Ying, R., & Williams, J. (2017). "I think he had a tattoo on his neck": How co-witness discussions about a perpetrator's description can affect eyewitness identification decisions. *Journal of Applied Research in Memory and Cognition*, 6(3), 274-282.

Elvevåg, B., Fisher, J. E., Weickert, T. W., Weinberger, D. R., & Goldberg, T. E. (2004). Lack of false recognition in schizophrenia: A consequence of poor memory? *Neuropsychologia*, 42(4), 546-554.

Erickson, W. B., Lampinen, J. M., Wooten, A., Wetmore, S., & Neuschatz, J. (2016). When snitches corroborate: Effects of post-identification feedback from a potentially compromised source. *Psychiatry, Psychology and Law*, 23, 148-160.

Ferguson, S. A., Hashtroudi, S., & Johnson, M. K. (1992). Age differences in using source-relevant cues. *Psychology and Aging*, 7(3), 443-452.

Ferraro, F. R., & Olson, L. (2003). False memories in individuals at risk for developing an eating disorder. *The Journal of Psychology*, 137(5), 476-482.

Festinger, L. (1957). *A theory of cognitive dissonance*. Stanford: Stanford University Press.

Fisher, R. P., & Schreiber, N. (2007). Interviewing protocols to improve eyewitness memory. *The handbook of eyewitness psychology*, 1, 53–80.

Foley, M. A., Bays, R. B., Foy, J., & Woodfield, M. (2015). Source misattributions and false recognition errors: Examining the role of perceptual resemblance and imagery generation processes. *Memory*, 23, 714–735.

Frenda, S. J., Nichols, R. M., & Loftus, E. F. (2011). Current issues and advances in misinformation research. *Current Directions in Psychological Science*, 20, 20–23.

Frost, P., Ingraham, M., & Wilson, B. (2002). Why misinformation is more likely to be recognized over time: A source monitoring account. *Memory*, 10(3), 179–185.

Gabbert, F., Memon, A., & Allan, K. (2003). Memory conformity: Can eyewitnesses influence each other's memories for an event? *Applied Cognitive Psychology*, 17, 533–543.

Gabbert, F., Memon, A., & Wright, D. B. (2006). Memory conformity: Disentangling the steps toward influence during a discussion. *Psychonomic Bulletin & Review*, 13, 480–485.

Gallo, D. A. (2004). Using recall to reduce false recognition: Diagnostic and disqualifying monitoring. *Journal of Experimental Psychology: Learning, Memory, and Cognition*, 30(1), 120–128.

Gallo, D. A., McDermott, K. B., Percer, J. M., & Roediger, H. L. (2001). Modality effects in false recall and false recognition. *Journal of Experimental Psychology: Learning, Memory, and Cognition*, 27(2), 339–353.

Gallo, D. A., Roberts, M. J., & Seamon, J. G. (1997). Remembering words not presented in lists: Can we avoid creating false memories? *Psychonomic Bulletin and Review*, 4, 271–276.

Gallo, D. A., & Roediger, H. L. (2002). Variability among word lists in eliciting memory illusions: Evidence for associative activation and monitoring. *Journal of Memory & Language*, 47(3), 469–497.

Gallo, D. A., Roediger, H. L., & McDermott, K. B. (2001). Associative false recognition occurs without strategic criterion shifts. *Psychonomic Bulletin and Review*, 8(3), 579–586.

Gallo, D. A., & Seamon, J. G. (2004). Are nonconscious processes sufficient to produce false memories? *Consciousness and Cognition*, 13, 158–168.

Garner, S. R., & Howe, M. L. (2014). False memories from survival processing make better primes for problem-solving. *Memory*, 22, 9–18.

Garoff, R. J., Slotnick, S. D., & Schacter, D. L. (2005). The neural origins of specific and general memory: The role of the fusiform cortex. *Neuropsychologia*, *43*, 847–859.

Garoff-Eaton, P. J., Kensinger, E. A., & Schacter, D. L. (2007). The neural correlates of conceptual and perceptual false recognition. *Learning and Memory*, *14*, 684–692.

Garoff-Eaton, R. J., Slotnick, S. D., & Schacter, D. L. (2006). Not all false memories are created equal: the neural basis of false recognition. *Cerebral Cortex*, *16*, 1645–52.

Garry, M., & Loftus, E. F. (1994). Repressed memories of childhood trauma: Could some of them be suggested? *USA Today magazine*, *122*, 82–85.

Garry, M., Manning, C. G., Loftus, E. F., & Sherman, S. J. (1996). Imagination inflation: Imagining a childhood event inflates confidence that it occurred. *Psychonomic Bulletin & Review*, *3*(2), 208–214.

Gaesser, B., Sacchetti, D. C., Addis, D. R., & Schacter, D. L. (2011). Characterizing age-related changes in remembering the past and imagining the future. *Psychology and Aging*, *26*, 80–84.

Geraci, L., & Mccabe, D. P. (2006). Examining the basis for illusory recollection: The role of remember/know instructions. *Psychonomic Bulletin & Review*, *13*(3), 466–473.

Ghetti, S., Qin, J., & Goodman, G. (2002). False memories in children and adults: Age, distinctiveness, and subjective experience. *Developmental Psychology*, *38*, 705–718.

Giovanello, K. S., Kensinger, E. A., Wong, A. T., & Schacter, D. L. (2010). Age-related neural changes during memory conjunction errors. *Journal of Cognitive Neuroscience*, *22*, 1348–1361.

Goff, L. M., & Roediger, H. L. (1998). Imagination inflation for action events: repeated imaginings lead to illusory recollections. *Memory & Cognition*, *26*(1), 20–33.

Goldmann, R. E., Sullivan, A. L., Droller, D. B. J., Rugg, M. D., Curran, T., Holcomb, P. J., Schacter, D. L., Daffner, K. R., & Budson, A. E. (2003). Late frontal brain potentials distinguish true and false recognition. *Neuroreport*, *14*, 1717–1720.

Gudjonsson, & Gisli, H. (1984). A new scale of interrogative suggestibility. *Personality and Individual Differences*, *5*(3), 303–314.

Gurney, D. J., Ellis, L. R., & Vardon-Hynard, E. (2016). The saliency of gestural misinformation in the perception of a violent crime. *Psychology, Crime & Law*, *22*, 651–665.

Gurney, D. J., Pine, K. J., & Wiseman, R. (2013). The gestural misinformation effect: Skewing eyewitness testimony through gesture. *The American Journal of Psychology*, *126*, 301–314.

Gurney, D. J., Vekaria, K. N., & Howlett, N. (2014). A nod in the wrong direction:

Does non-verbal feedback affect eyewitness confidence in interviews Psychiatry, *Psychology and Law*, 21, 241–250.

Hancock, T. W., Hicks, J. L., Marsh, R. L. & Ritschel, L. (2003). Measuring activation lvel of critical lures in the Deese-Roediger-McDermott paradigm. *American Journal of Psychology*, 116, 1–14.

Henkel, L. A. (2004). Erroneous memories arising from repeated attempts to remember. *Journal of Memory & Language*, 50(1), 26–46.

Henkel, L. A., Johnson, M. K., & De Leonardis, D. M. (1998). Aging and source monitoring: Cognitive processes and neuropsychological correlates. *Journal of Experimental Psychology: General*, 3, 251–268.

Hicks, J. L., & Marsh, R. L. (1999). Attempts to reduce the incidence of false recall with source monitoring. *Journal of Experimental Psychology: Learning, Memory and cognition*, 25(5), 1195–1209.

Hicks, J. L., & Marsh, R. L. (2001). False recognition occurs more frequently during source identification than during old-new recognition. *Journal of Experimental Psychology: Learning, Memory and cognition*, 27, 375–383..

Hintzman, D. L. (1988). Judgments of frequency and recognition memory in a multiple-trace memory model. *Psychological Review*, 95, 528–551.

Holliday, R. E., Brainerd, C. J., & Reyna, V. F. (2011). Developmental reversals in false memory: Now you see them, now you don't! *Developmental Psychology*, 47, 442–449.

Holliday, R. E., & Weekes, B. S. (2006). Dissociated developmental trajectories for semantic and phonological false memories. *Memory*, 14, 624–636.

Hope, L., Ost, J., Gabbert, F., Healey, S., & Lenton, E. (2008). "With a little help from my friends …": The role of co-witness relationship in susceptibility to misinformation. *Acta Psychologica*, 127(2), 476–484.

Howe, M. L. (2005). Children (but not adults) can inhibit false memories. *Psychological Science*, 16, 927–931.

Howe, M. L. (2006). Developmentally invariant dissociations in children's true and false memories: Not all relatedness is created equal. *Child Development*, 77, 1112–1123.

Howe, M. L. (2007). Children's emotional false memories. *Psychological Science*, 18(10), 856–860.

Howe, M. L. (2008). What Is False Memory Development the Development of? Comment on Brainerd, Reyna, and Ceci (2008), *Psychological Bulletin*, 134(5), 768–772.

Howe, M. L. (2011). The adaptive nature of memory and its illusions. *Current Directions in Psychological Science*, 20, 312–315.

Howe, M. L., Candel, I., Otgaar, H., Malone, C., & Wimmer, M. C. (2010). Valence and the development of immediate and long-term false memory illusions. *Memory*, 18,58-75.

Howe, M. L., Cicchetti, D., Toth, S. L., & Cerrito, B. M. (2004). True and false memories in maltreated children. *Child Development*, 75,1402-1417.

Howe, M. L., & Derbish, M. H. (2010). On the susceptibility of adaptive memory to false memory illusions. *Cognition*, 115,252-267.

Howe, M. L., Garner, S. R., Charlesworth, M., & Knott, L. (2011). A brighter side to memory illusions: False memories prime children's and adults' insight-based problem solving. *Journal of Experimental Child Psychology*, 108,383-393.

Howe, M. L., Garner, S., Dewhurst, S. A., & Ball, L. J. (2010). Can false memories prime problem solutions? *Cognition*, 117,176-181.

Howe, M. L., Garner, S. R., & Patel, M. (2013). Positive consequences of false memories. *Behavioral Sciences and the Law*, 31,652-665.

Howe, M. L., Garner, S. R., Threadgold, E., & Ball, L. J. (2015). Priming analogical reasoning with false memories. *Memory & Cognition*, 43(6),879-895.

Howe, M. L., & Knott, L. (2015). The fallibility of memory in judicial processes: Lessons from the past and their modern consequences. *Memory*, 23,633-656.

Howe, M. L., Knott, L. M., & Conway, M. A. (2018). *Memory and miscarriages of justice*. Abingdon, UK: Routledge.

Howe, M. L., Threadgold, E., Norbury, J., Garner, S., & Ball, L. J. (2013). Priming children's and adults' analogical problem solutions with true and false memories. *Journal of Experimental Child Psychology*, 116,96-103.

Howe, M. L., Wimmer, M. C., & Blease, K. (2009). The role of associative strength in children's false memory illusions. *Memory*, 17(1),8-16.

Howe, M. L., Wimmer, M. C., Gagnon, N., & Plumpton, S. (2009). An associative-activation theory of children's and adults' memory illusions. *Journal of Memory and Language*, 60,229-251.

Howe, M. L., Wimmer, M. C., Gagnon, N., &Plumpton, S. (2009). An associative-activation theory of children's and adults' memory illusions. *Journal of Memory and Language*, 60,229-251.

Hyman, I. E., & Billings, F. J. (1998). Individual differences and the creation of false childhood memories. *Memory*, 6(1),1-20.

Israel, L., & Schacter, D. L. (1997). Pictorial encoding reduces false recognition of semantic associates. *Psychonomic Bulletin and Review*, 4,577-581.

Jacoby, L. L. (1991). A process dissociation framework: Separating automatic from intentional uses of memory. *Journal of Memory & Language*, 30, 513-541.

Jacoby, L. L., Kelley, C. M., & Dywan, J. (1989). Memory attributions. In: H. L. Roediger & F. I. M. Craik (Eds.), *Varieties of memory and consciousness: Essays in honor of Endel Tulving* (pp. 391-422). Hillsdale, NJ: Erlbaum.

Jacoby, L. L., & Whitehouse, K. (1989). An illusion of memory: False recognition influenced by unconscious perception. *Journal of Experimental Psychology: General*, 118(2), 126-135.

Jing, H. G., Madore, K. P., & Schacter, D. L. (2016). Worrying about the future: An episodic specificity induction impacts problem solving, reappraisal, and well-being. *Journal of Experimental Psychology: General*, 145, 402-418.

Johnson, M. K., Foley, M. A., & Leach, K. (1988). The consequences for memory of imagining in another person's voice. *Memory & Cognition*, 16(4), 337-342.

Johnson, M. K., Hashtroudi, S., & Lindsay, D. S. (1993). Source monitoring. *Psychological Bulletin*, 114, 3-28.

Johnson, M. K., Nolde, S. F., Mather, M., Kounios, J., Schacter, D. L., & Curran, T. (1997). The similarity of brain activity associated with true and false recognition memory depends on test format. *Psychological Science*, 8, 250-257.

Johnson, M. K., & Raye, C. L. (1981). Reality monitoring. *Psychological Review*, 88, 67-85.

Joordens, S., & Merikle, P. M. (1992). False recognition and perception without awareness. *Memory and Cognition*, 20(2), 151-159.

Jou, J., Matus, Y. E., Aldridge, J. W., Rogers, D. M., & Zimmerman, R. L. How similar is false recognition to veridical recognition objectively and subjectively? *Memory & Cognition*, 32(5), 824-840.

Kang, S. H. K., McDermott, K. B., & Cohen, S. M. (2008). The mnemonic advantage of processing fitness-relevant information. *Memory & Cognition*, 36(6), 1151-1156.

Kaplan, R. L., Van Damme, I., Levine, L. J., & Loftus, E. F. (2016). Emotion and false memory. *Emotion Review*, 8, 8-13.

Kassin, S. M., & Kiechel, K. L. (1996). The social psychology of false confessions: Compliance, internalization, and confabulation. *Psychological Science*, 7(3), 125-128.

Kebbell, M. R., Evans, L., & Johnson, S. D. (2010). The influence of lawyers' questions on witness accuracy, confidence, and reaction times and on mock jurors' interpretation of witness accuracy. *Journal of Investigative Psychology and Offender Profiling*, 7, 262-272.

Kebbell, M. R., & Giles, D. C. (2000). Some experimental influences of lawyers' complicated questions on eyewitness confidence and accuracy. *The Journal of*

错误记忆

Psychology, *134*, 129-139.

Kebbell, M. R., & Johnson, S. D. (2000). Lawyers' questioning: The effect of confusing questions on witness confidence and accuracy. *Law and Human Behavior*, *24*, 629-641.

Kellogg, R. T. (2001). Presentation modality and mode of recall in verbal false memory. *Journal of Experimental Psychology: Learning, Memory, and Cognition*, *27*(4), 913-919.

Kensinger, E. A., & Schacter, D. L. (1999). When true memories suppress false memories: Effects of ageing. *Cognitive Neuropsychology*, *16*, 399-415.

Kilpatrick, L., & Cahill, L. (2003). Modulation of memory consolidation for olfactory learning by reversible inactivation of the basolateral amygdala. *Behavioral Neuroscience*, *117*(1), 184-188.

Kim, H., & Cabeza, R. (2007). Differential contributions of prefrontal, medial temporal, and sensory-perceptual regions to true and false memory formation. *Cerebral Cortex*, *17*(9), 2143-2150.

Kimball, D. R., & Bjork, R. A. (2002). Influences of intentional and unintentional forgetting on false memories. *Journal of Experimental Psychology: General*, *131*(1), 116-130.

Koutstaal, W., & Schacter, D. L. (1997). Gist-based false recognition of pictures in older and younger adults. *Journal of Memory and Language*, *37*, 555-583.

Kubota, Y., Toichi, M., Shimizu, M., Mason, R. A., Findling, R. L., & Yamamoto, K., et al. (2006). Prefrontal hemodynamic activity predicts false memory——a near-infrared spectroscopy study. *Neuroimage*, *31*(4), 1783-1789.

Kurkela, K. A., & Dennis, N. A. (2016). Event-related fMRI studies of false memory: An activation likelihood estimation meta-analysis. *Neuropsychologia*, *81*, 149-167.

Laney, C., & Takarangi, M. K. T. (2013). False memories for aggressive acts. *Acta Psychologica*, *143*, 227-234.

Levine, B., Svoboda, E., Hay, J. F., Winocur, G., & Moscovitch, M. (2002). Aging and autobiographical memory: Dissociating episodic from semantic retrieval. *Psychology & Aging*, *17*(4), 677-689.

Lilienfeld, S. O., Ammirati, R., & Landfield, K. (2009). Giving debiasing away: Can psychological research on correcting cognitive errors promote human welfare? *Perspectives on Psychological Science*, *4*, 390-398.

Lindner, I., & Echterhoff, G. (2015). Imagination inflation in the mirror: Can imagining others' actions induce false memories of self-performance? *Acta Psychologica*, *158*, 51-60.

Lindner, I., Schain, C., & Echterhoff, G. (2016). Other-self confusions in action memory: The role of motor processes. *Cognition*, 149, 67-76.

Lindsay, D. S., & Johnson, M. K. (1987). Reality monitoring and suggestibility: Children's ability to discriminate among memories from different sources. In: S. J. Ceci, M. P. Toglia, & D. F. Ross (Eds.), *Children's eyewitness memory* (chap. 6). New York: Springer.

Lindsay, D. S., & Johnson, M. K. (1989). The eyewitness suggestibility effect and memory for source. *Memory & Cognition*, 17(3): 349-358.

Lindsay, D. S., & Johnson, M. K. (2000). False memories and the source monitoring framework: Reply to Reyna and Lloyd (1997). *Learning and Individual Differences*, 12(2), 145-161.

Loftus E. F. (1975). Leading questions and the eyewitness report. *Cognitive Psychology*, 7, 560-572.

Loftus, E. F. (2005). Planting misinformation in the human mind: A 30-year investigation of the malleability of memory. *Learning & Memory*, 12, 361-366.

Loftus, E. F. (1993). The reality of repressed memories. *American Psychologist*, 48(5), 518-537.

Loftus, E. F. (1997). Creating false memories. *Scientific American*, 277, 1-7.

Loftus E. F. (1997). Memory for a past that never was. *Current Directions in Psychological Science*, 6, 60-64.

Loftus, E. F., & Hoffman, H. G. (1989). Misinformation and memory: The creation of new memories. *Journal of Experimental Psychology: General*, 118(1), 100-104.

Loftus, E. F., Joslyn, S., & Polage, D. (1998). Repression: A mistaken impression? *Development and Psychopathology*, 10(4), 781-792.

Loftus, E. F., & Ketcham, K. (1994). *The myth of repressed memory*. New York: St. Martin's.

Loftus, E. F., Miller, D. J., & Burns, H. J. (1978). Semantic integration of verbal information into a visual memory. *Journal of Experimental Psychology: Human Learning and Memory*, 4(1), 19-31.

Loftus, E. F., & Palmer, J. C. (1974). Reconstruction of automobile destruction: An example of the interaction between language and memory. *Journal of Verbal Learning and Verbal Behavior*, 13, 585-589.

Loftus, E. F., & Pickrell, J. E. (1995). The formation of false memories. *Psychiatric Annals*, 25, 720-725.

Lövdén, M. (2003). The episodic memory and inhibition accounts of age-related increases in false memories: A consistency check. *Journal of Memory & Language*, 49(2), 268-283.

Madore, K. P., Gaesser, B., & Schacter, D. L. (2014). Constructive episodic simulation: dissociable effects of a specificity induction on remembering, imagining, and describing in young and older adults. *Journal of Experimental Psychology: Learning, Memory, and Cognition*, 40(3), 609–622.

Madore, K. P., & Schacter, D. L. (2016). Remembering the past and imagining the future: Selective effects of an episodic specificity induction on detail generation. *The Quarterly Journal of Experimental Psychology*, 69(2), 285–298.

Madore, K. P. Szpunar, K. K., Addis, D. R., & Schacter, D. L. (2016). Episodic specificity induction impacts activity in a core brain network during construction of imagined future experiences. *Proceedings of the National Academy of Sciences USA*, 113, 10696–10701.

Mandler, G. (1980). Recognizing: the judgment of previous occurrence. *Psychological Review*, 87, 252–271.

Marsh, E. J., McDermott, K. B., & Roediger, H. L. (2004). Does test-induced priming play a role in the creation of false memories? *Memory*, 12(1), 44–55.

Mather, M., Henkel, L. A., & Johnson, M. K. (1997). Evaluating characteristics of false memories: Remember/Know judgments and memory characteristics questionnaire compared. *Memory and Cognition*, 25, 826–837.

Maylor, E. A. & Mo, A. (2011). Effects of study-test modality on false recognition. *British Journal of Psychology*, 90(4), 477–493.

Mazzoni, G., Scoboria, A., & Harvey, L. (2010). Nonbelieved memories. *Psychological Science*, 21(9), 1334–1340.

Mazzoni, G., Clark, A., & Nash, R. A. (2014). Disowned recollections: Denying true experiences undermines belief in occurrence but not judgments of remembering. *Acta Psychologica*, 145, 139–146.

McCabe, D. P., & Smith, A. D. (2002). The effect of warnings on false memories in young and older adults. *Memory and Cognition*, 30, 1065–1077.

McClelland, J. L. & Rumelhart, D. E. (1981). An interactive activation model of context effects in letter perception: Part 1. an account of basic findings. *Psychological Review*, 88, 375–407.

McDermott, K B. (1996). The persistence of previous occurrence. *Journal of Memory and Language*, 35, 212–230.

McDermott, K. B. (1997). Priming on perceptual implicit memory tests can be achieved through presentation of associates. *Psychonomic Bulletin & Review*, 4, 582–586.

McDermott, K. B., & Roediger H. L. (1998). Attempting to avoid illusory memories: Robust false recognition of associates persists under conditions of explicit warnings and immediate testing. *Journal of Memory and Language*, 39, 508–520.

McDermott, K. B., & Watson, J. M. (2001). The rise and fall of false recall: The impact of presentation of associates. *Journal of Memory and Language*, 45, 160–176.

McEvoy C. L., Nelson D. L., & Takako Komatsu. (1999). What is the connection between true and false memories? The differential roles of interitem associations in recall and recognition. *Journal of Experimental Psychology: Learning, Memory, and Cognition*, 25(5), 1177–1194.

McKone, E., & Murphy, B. (2000). Implicit false memory: Effects of modality and multiple study presentations on long-lived semantic priming. *Journal of Memory and Language*, 43, 89–109.

Mednick, S. A. (1962). The associative basis of the creative process. *Psychological Review*, 69, 220–232.

Memon, A., Meissner, C. A., & Fraser, J. (2010). The Cognitive Interview: A meta-analytic review and study space analysis of the past 25 years. *Psychology, Public Policy, and Law*, 16, 340–372.

Merikle, P. M., & Joordens, S. (1997). Parallels between perception without attention and perception without awareness. *Consciousness & Cognition*, 6, 219–236.

Merikle, P. M., Joordens, S., & Stolz, J. A. (1995). Measuring the relative magnitude of unconscious influences. *Consciousness & Cognition*, 4(4), 422–439.

Metzger, R. L., Warren, A. R., Price, J. D., Reed, A. W., Shelton, J., & Williams, D. (2008). Do children "D/R-M" like adults? False memory production in children. *Developmental Psychology*, 44, 169–181.

Miller, A. R., Baratta, C., Wynveen, C., & Rosenfeld, J. P. (2001). P300 latency, but not amplitude or topography, distinguish between true and false recognition. *Journal of Experimental Psychology: Learning, Memory, and Cognition*, 27(2), 354–361.

Mintzer, M. Z., & Griffiths, R. R. (2001). Acute effects of triazolam on false recognition. *Memory & Cognition*, 28(8), 1357–1365.

Mitchell, K. J., & Zaragoza, M. S. (1996). Repeated exposure to suggestion and false memory: The role of contextual variability. *Journal of Memory and Language*, 35, 246–260.

Morgan, C. A., Southwick, S., Steffian, G., Hazlett, G. A., & Loftus, E. F. (2013). Misinformation can influence memory for recently experienced, highly stressful events. *International Journal of Law and Psychiatry*, 36, 11–17.

Moritz, S., Woodward, T. S., Cuttler, C., Whitman, J. C., & Watson, J. M. (2004). False memories in schizophrenia. *Neuropsychology*, 18(2), 276–283.

错误记忆

Moulin, C. J. A., Conway, M. A., Thompson, R. G., James, N. & Jones, R. W. (2005). Disordered memory awareness: Recollective confabulation in two cases of persistent deja vecu. *Neuropsychologia*, *43*, 1362–1378.

Nairne, J. S. (2014). Adaptive Memory: Controversies and Future Directions. In: B. L. Schwartz, M. L. Howe, M. P. Toglia, & H. Otgaar (Eds.), *What is adaptive about adaptive memory?* (pp. 308–321). New York, US: Oxford University Press.

Nairne, J. S., & Pandeirada, J. N. S. (2008). Adaptive memory: Is survival processing special? *Journal of Memory and Language*, *59*, 377–385.

Nairne, J. S., Pandeirada, J. N. S., & Thompson, S. R. (2008). Adaptive memory: The comparative value of survival processing. *Psychological Science*, *19*, 176–180.

Nairne, J. S., Thompson, S. R., & Pandeirada, J. N. S. (2007). Adaptive memory: Survival processing enhances retention. *Journal of Experimental Psychology. Learning, Memory, and Cognition*, *33*, 263–273.

Neuschatz, J. S., Benoit, G. E., & Payne, D. G. (2003). Effective warnings in the Deese-Roediger-McDermott false-memory paradigm: The role of identifiability. *Journal of Experimental Psychology: Learning, Memory, and Cognition*, *29*, 35–41.

Neuschatz, J. S., Payne, D. G., Lampinen, J. M., & Toglia, M. P. (2001). Assessing the effectiveness of warnings and the phenomenological characteristics of false memories. *Memory*, *9*, 53–71.

Norman, K. A., & Schacter, D. L. (1997). False recognition in younger and older adults: Exploring the characteristics of illusory memories. *Memory and Cognition*, *25*, 838–848.

Nourkova, V., Bernstein, D. M., & Loftus, E. F. (2004). Altering traumatic memory. *Cognition and Emotion*, *18*, 475–585.

Nyberg, L., McIntosh, A. R., Houle, S., Nilsson, L. G., & Tulving, E. (1996). Activation of medial temporal structures during episodic memory retrieval. *Nature*, *380*, 715–717.

Okado, Y., & Stark, C. (2003). Neural processing associated with true and false memory retrieval. *Cognitive, Affective, and Behavioral Neuroscience*, *3*, 323–334.

Okado, Y., & Stark, C. (2005). Neural activity during encoding predicts false memories created by misinformation. *Learning and Memory*, *12*, 3–11.

Otgaar, H., Candel, I., Merckelbach, H., & Wade, K. A. (2009). Abducted by a UFO: Prevalence information affects young children's false memories for an implausible event. *Applied Cognitive Psychology*, *23*, 115–125.

Otgaar, H., & Howe, M. L. (2017). *Finding the truth in the courtroom: Dealing with deception, lies, and memories*. New York: Oxford University Press.

Otgaar, H. , Howe, M. L. , Brackmann, N. , & Smeets, T. (2016). The malleability of developmental trends in neutral and negative memory illusions. *Journal of Experimental Psychology: General*, *145*, 31–55.

Otgaar, H. , Howe, M. L. , Brackmann, N. , & Van Helvoort, D. H. (2017). Eliminating age differences in children's and adults' suggestibility and memory conformity effects. *Developmental Psychology*, *53*, 962–970.

Otgaar, H. , Howe, M. L. , Van Beers, J. , Van Hoof, R. , Bronzwaer, N. , & Smeets, T. (2015). The positive ramifications of false memories using a perceptual closure task. *Journal of Applied Research in Memory and Cognition*, *4*(1), 43–50.

Otgaar, H. , Moldoveanu, G. , Wang, J. , & Howe, M. L. (2017). Exploring the consequences of nonbelieved memories in the DRM paradigm. *Memory*, *25*, 922–933.

Otgaar, H. , Scoboria, A. , & Smeets, T. (2013). Experimentally evoking nonbelieved memories for childhood events. *Journal of Experimental Psychology: Learning, Memory, and Cognition*, *39*, 717–773.

Otgaar, H. , & Smeets, T. (2010). Adaptive memory: Survival processing increases both true and false memory in adults and children. *Journal of Experimental Psychology: Learning, Memory, and Cognition*, *36*, 1010–1016.

Otgaar, H. , Smeets, T. , & Bergen, V. S. (2010). Picturing survival memories: Enhanced memory after fitness-relevant processing occurs for verbal and visual stimuli. *Memory & Cognition*, *38*(1), 23–28.

Otgaar, H. , Smeets, T. , & Peters, M. (2012). Children's implanted false memories and additional script knowledge. *Applied Cognitive Psychology*, *26*, 709–715.

Paterson, H. M. , Kemp, R. , & McIntyre, S. (2012). Can a witness report hearsay evidence unintentionally? The effects of discussion on eyewitness memory. *Psychology, Crime & Law*, *18*, 505–527.

Patihis, L. , Frenda, S. J. , Leport, A. K. R. , Petersen, N. , Nichols, R. M. , Stark, C. E. L. , McGaugh, J. L. , & Loftus, E. F. (2013). Fasle memories in highly superior autobiographical memory individuals. *Proceedings of the National Academy of Sciences*, *110*, 20947–20952.

Payne, D. G. , Elie, C. J. , Blackwell, J. M. , & Neuschatz J. S. (1996). Memory illusions: Recalling, recognizing, and recollecting events that never occurred. *Journal of Memory and Language*, *35*, 261–285.

Payne, J. D. , Nadel, L. , Allen, J. J. , Thomas, K. G. , & Jacobs, W. J. (2002). The effects of experimentally induced stress on false recognition. *Memory*, *10*, 1–6.

Paz-Alonso, P. M. , Ghetti, S. , Donohue, S. E. , Goodman, G. S. , & Bunge, S. A. (2008). Neurodevelopmental correlates of true and false recognition. *Cerebral Cortex*,

18(9), 2208 - 2216.

Pérez-Mata, M. N., Read, J. D., & Diges, M. (2002). Effects of divided attention and word concreteness on correct recall and false memory reports. *Memory*, 10(3), 161 - 177.

Pesta, B. J., Murphy, M. D., & Sanders, R. E. (2001). Are emotionally charged lures immune to false memory? *Journal of Experimental Psychology: Learning, Memory, and Cognition*, 27, 328 - 338.

Peterson, J. L., Hickman, M. J., Strom, K. J., & Johnson, D. J. (2013). Effect of forensic evidence on criminal justice case processing. *Journal of Forensic Sciences*, 58, 78 - 90.

Pezdek, K., & Eddy, R. M. (2001). Imagination inflation: A statistical artifact of regression toward the mean. *Memory & Cognition*, 29(5), 707 - 718.

Porter, S., Taylor, K., & Ten Brinke, L. (2008). Memory for media: Investigation of false memories for negatively and positively charged public events. *Memory*, 16, 658 - 666.

Read, J. D. (1996). From a passing thought to a false memory in 2 minutes: Confusing real and illusory events. *Psychonomic Bulletin and Review*, 3, 105 - 111.

Reyna, V. F. (1995). Interference effects in memory and reasoning: A fuzzy-trace theory analysis. In: F. N. Dempster & C. J. Brainerd (Eds.), *New perspectives on interference and inhibition in cognition* (pp. 29 - 61). New York: Academic Press.

Reyna, V. F., & Brainerd, C. J. (1995). Fuzzy-trace theory: An interim synthesis. *Learning and Individual Difference*, 7, 1 - 75.

Reyna, V. F., Corbin, J. C., Weldon, R. B., & Brainerd, C. J. (2016). How fuzzy-trace theory predicts true and false memories for words, sentences, and narratives. *Journal of Applied Research in Memory and Cognition*, 5, 1 - 9.

Reyna, V. F., & Lloyd, F. (1997). Theories of false memory in children and adults. *Learning and Individual Differences*, 9, 95 - 124.

Reyna, V. E., & Titcomb, A. L. (1997). Constraints on the suggestibility of eyewitness testimony: A fuzzy-trace theory analysis. In: D. G. Payne & F. G. Conrad (Eds.), *Intersections in basic and applied memory research* (pp. 157 - 174). Mahwah, NJ: Erlbaum.

Rhodes, M. G., & Anastasi, J. S. (2000). The effects of a level-of-processing manipulation on false recall. *Psychonomic Bulletin and Review*, 7, 158 - 162.

Robinson, K., & Roediger H. L. (1997). Associative processes in false recall and false recognition. *Psychological Science*, 8, 231 - 237.

Roediger, H. L., Balota, D. A., & Watson, J. M. (2001). Spreading activation and the arousal of false memories. In: H. L. Roediger Roediger III, J. S. Nairne, I. Neath, A. M. Surprenant (Eds.), *The nature of remembering: Essays in honor of Robert G.*

Crowder (pp. 95 – 115). Washington, DC: American Psychological Association.

Roediger, H. L., Jacoby, J. D., & McDermott, K. B. (1996). Misinformation effects in recall: Creating false memories through repeated retrieval. *Journal of Memory and Language*, 35(2), 300 – 318.

Roediger, H. L., McDermott, K. B. (1995). Creating false memories: Remembering words not presented in lists. *Journal of Experimental Psychology: Learning, Memory and Cognition*, 21(4), 803 – 814.

Roediger, H. L., & McDermott, K. B. (2000). Tricks of memory. *Current Directions in Psychological Science*, 9, 123 – 127.

Roediger, H. L., & McDermott, K. B. (2000). Remembering between the lines: Creating false memories via associative inferences. *Psychological Science Agenda*, 13, 8 – 9.

Roediger, H. L., McDermott, K. B., & Robinson, K. J. (1998). The role of associative processes in creating false memories. In: M. A. Conway. S. E. Gathercole, & C. Cornoldi (Eds.), *Theories of memory* II (pp. 187 – 245). Howe, UK: Psychological Press.

Roediger, H. L., Robinson, K. J., & Balota, H. L. (2001). False recall and false recognition following fast presentation of lists: Evidence for automatic processing in evoking false memories. Manuscript in preparation.

Roediger, H. L., Watson, J. M., McDermott, K. B., & Gallo, D. A. (2001). Factors that determine false recall: A multiple regression analysis. *Psychonomic Bulletin and Review*, 8, 385 – 407.

Sadler, D. D., Sodmont, S. M., & Keefer, L. A. (2018). Can false memory for critical lures occur without conscious awareness of list words? *Consciousness & Cognition*, 58, 136 – 157.

Salthouse T. A. (2004). What and when of cognitive aging. *Current Direction in Psychological Science*, 13(4): 140 – 144.

Schacter, D. L. (1996). *Searching for memory: the brain, the mind, and the past*. New York: Basic Books.

Schacter, D. L. (1999). The sevens sins of memory: Perspectives from functional neuroimaging. In: E. Tulving (Ed.), *Memory, consciousness, and the brain: The Tallinn conference*. Philadelphia: Psychology Press.

Schacter, D. L. (2001). *The seven sins of memory: How the mind forgets and remembers*. Boston: Houghton Mifflin.

Schacter, D. L. (2012). Adaptive constructive processes and the future of memory. *American Psychologist*, 67, 603 – 613.

错误记忆

Schacter, D. L., & Addis, D. R. (2007). On the constructive episodic simulation of past and future events. *Behavioral and Brain Sciences*, 30, 331–332.

Schacter, D. L., Addis, D. R., & Buckner, R. L. (2008). Episodic simulation of future events: Concepts, data, and applications. *The Year in Cognitive Neuroscience, Annals of the New York Academy of Sciences*, 1124(1), 39–60

Schacter, D. L., Benoit, R. G., De Brigard, F., & Szpunar, K. K. (2015). Episodic future thinking and episodic counterfactual thinking: Intersections between memory and decisions. *Neurobiology of Learning and Memory*, 117, 14–21.

Schacter, D. L., Buckner, R. L., Koutstaal, W., Dale, A. M., & Rosen, B. R. (1997). Late onset of anterior prefrontal activity during true and false recognition: an event-related fMRI study. *NeuroImage*, 6, 259–269.

Schacter, D. L., Chamberlain, J., Gaesser, B., & Gerlach, K. D. (2011). Neuroimaging of true, false, and imaginary memories: Findings and implications. In: L. Nadel and W. Sinnott-Armstrong (Eds.), *Memory and Law: Perspectives from Cognitive Neuroscience*. New York: Oxford University Press.

Schacter, D. L., Guerin, S. A., & St. Jacques, P. L. (2011). Memory distortion: An adaptive perspective. *Trends in Cognitive Sciences*, 15, 467–474.

Schacter, D. L., Israel, L., & Racine, C. (1999). Suppressing false recognition in younger and older adults: The distinctiveness heuristic. *Journal of Memory and Language*, 40, 1–24.

Schacter, D. L., & Loftus, E. F. (2013). Memory and law: What can cognitive neuroscience contribute? *Nature neuroscience*, 16, 119–123.

Schacter, D. L., Reiman, E., Curran, T., Yun, L. S., Bandy, D, McDermott, K. B., & Roediger, H. L. (1996). Neuroanatomical correlates of veridical and illusory recognition memory: Evidence from position emission tomography. *Neuron*, 17, 1–20.

Schacter, D. L., Verfaellie, M., & Koutstaal, W. (2002). Memory illusions in amnesic patients: Findings and implications. In: L. R. Squire & D. L. Schacter (Eds.), *Neuropsychology of memory* (3rd Edition) (pp. 114–129). New York: Guilford Press.

Schacter, D. L., Verfaellie, M., & Pradre, D. (1996). The neuropsychology of memory illusions: False recall and recognition in amnesic patients. *Journal of Memory and Language*, 35, 319–334.

Schnider, A. (2008). *The confabulating mind*. New York: Oxford University Press.

Scoboria, A., & Talarico, J. M. (2013). Indirect cueing elicits distinct types of autobiographical event representations. *Consciousness and Cognition*, 22, 1495–1509.

Seamon, J. G., Luo, C. R., Kopecky, J. J., Price, C. A., Rothschild, L., Fung, N.

S., & Schwartz, M. A. (2002). Are false memories more difficult to forget than accurate memories? The effect of retention interval on recall and recognition. *Memory and Cognition*, *30*(7), 1054–1065.

Seamon, J. G., Luo, C. R., & Gallo, D. A. (1998). Creating false memories of words with or without recognition of list items: Evidence for nonconscious processes. *Psychological Science*, *9*, 20–26.

Seamon, J. G., Lee, I. A., Toner, S. K., Wheeler, R. H., Goodkind, M. S., & Birch, A. D. (2002). Thinking of critical words during study is unnecessary for false memory in the Deese, Roediger, and McDermott procedure. *Psychological Science*, *13*, 526–531.

Seamon, J. G., Luo, C. R., Schlegel, S. E., Greene, S. E., & Goldenberg, A. B. (2000). False memory for categorized pictures and words: The category associates procedure for studying memory errors in children and adults. *Journal of Memory and Language*, *42*, 120–146.

Seamon, J. G., Luo, C. R., Schwartz, M. A., Jones, K. J., Lee, D. M., & Jones, S. J. (2002). Repetition can have similar or different effects on accurate and false recognition. *Journal of Memory and Language*, *46*, 323–340.

Seamon, J. G., Luo, C. R., Shulman, E. P., Toner, S. K., & Caglar, S. (2002). False memories are hard to inhibit: Differential effects of directed forgetting on accurate and false recall in the DRM procedure. *Memory*, *10*, 225–237.

Searcy, J., Bartlett, J. C., & Memon, A. (2000). Influence of post-event narratives, line-up conditions and individual differences on false identification by young and older eyewitnesses. *Legal and Criminological Psychology*, *5*, 219–235.

Sharman, S. J., & Powell, M. B. (2012). A comparison of adult witnesses' suggestibility across various types of leading questions. *Applied Cognitive Psychology*, *26*, 48–53.

Sharot, T., Verfaellie, M., & Yonelinas, A. P. (2007). How emotion strengthens the recollective experience: A time-dependent hippocampal process. *PLoS ONE*, *2*(10), e1068.

Skagerberg, E. M., & Wright, D. B. (2008). The prevalence of co-witnesses and co-witness discussions in real eyewitnesses. *Psychology, Crime & Law*, *14*, 513–521.

Skagerberg, E. M., & Wright, D. B. (2009). Susceptibility to postidentification feedback is affected by source credibility. *Applied Cognitive Psychology*, *23*, 506–523.

Slotnick, S. D., & Schacter, D. L. (2004). A sensory signature that distinguishes true from false memories. *Nature Neuroscience*, *7*, 664–672.

Slotnick, S. D., & Schacter, D. L. (2006). The nature of memory related activity in early visual areas. *Neuropsychologia*, *44*, 2874–2886.

Smalarz, L., & Wells, G. L. (2014). Post-identification feedback to eyewitnesses impairs evaluators' abilities to discriminate between accurate and mistaken testimony. *Law and Human Behavior*, *38*, 194-202.

Smeets, T., Jelicic, M., & Merckelbach, H. (2006). The effect of acute stress on memory depends on word valence. *International Journal of Psychophysiology*, *62*, 30-37.

Smeets, T., Otgaar, H., Candel, I., & Wolf, O. T. (2008). True or false? Memory is differentially affected by stress-induced cortisol elevations and sympathetic activity at consolidation and retrieval. *Psychoneuroendocrinology*, *33*, 1378-1386.

Smith, R. E., & Hunt, R. R. (1998). Presentation modality affects false memory. *Psychonomic Bulletin and Review*, *5*(4), 710-715.

Smith, S. M., Tindell, D. R., Pierce, B. H., Gilliland, T. R., & Gerkens, D. R. (2001). The use of source memory to identify one's own episodic confusion errors. *Journal of Experiment Psychology: Learning, Memory and Cognition*, *27*(2), 362-374.

Stadler, D. L., Roediger, H. L., & McDermott, K. B. (1999). Norms for word lists that create false memories. *Memory and Cognition*, *27*, 494-500.

Stark, C. E., Okado, Y., & Loftus, E. F. (2010). Imaging the reconstruction of true and false memories using sensory reactivation and the misinformation paradigms. *Learning & Memory*, *17*, 485-488.

State v. Henderson. (2011). 208 N. J. 208.

Steblay, N. K., Wells, G. L., & Douglass, A. B. (2014). The eyewitness post identification feedback effect 15 years later: Theoretical and policy implications. *Psychology, Public Policy, and Law*, *20*, 1-18.

Storebeck, J., & Clore, G. L. (2005). With sadness comes accuracy; with happiness, false memory: Mood and the false memory effect. *Psychological Science*, *16*(10), 785-791.

Sulin, R. A., & Dooling, D. J. (1974). Intrusion of a thematic idea in retention of prose. *Journal of Experimental Psychology*, *103*(2), 255-262.

Swannell, E. R., & Dewhurst, S. A. (2012). Phonological false memories in children and adults: Evidence for a developmental reversal. *Journal of Memory & Language*, *66*(2), 376-383.

Szpunar, K. K. (2010). Episodic future thought: an emerging concept. *Perspectives on Psychological Science*, *5*, 142-162.

Szpunar, K. K., & McDermott, K. B. (2008). Episodic future thought and its relation to remembering: Evidence from ratings of subjective experience. *Consciousness and Cognition*, *17*(1), 330-334.

Templeton, L. M., & Wilcox, S. A. (2000). A tale of two representations: The misinformation effect and children's developing theory of mind. *Child Development*, 71, 402–416.

Thapar, A., & McDermott, K. B. (2001). False recall and false recognition induced by presentation of associated words: Effects of retention interval and level of processing. *Memory and Cognition*, 29(3), 424–432.

Thomas, A. K., Bulevich, J. B., & Loftus, E. F. (2003). Exploring the role of repetition and sensory elaboration in the imagination inflation effect. *Memory & Cognition*, 31(4), 630–640.

Thomas A. K., & Loftus, E. F. (2002). Creating bizarre false memories through imagination. *Memory & Cognition*, 30(3), 423–431.

Thomas A. K., & Sommers M. S. (2005). Attention to item-specific processing eliminates age effects in false memories. *Journal of Memory and Language*, 52(1), 71–86.

Titcomb, A. L., & Reyna, V. F. (1995). Memory interference and misinformation effects. In: F. N. Dempster & C. J. Brainerd (Eds.), *Interference and inhibition in cognition* (pp. 263–295). New York: Academic Press.

Toglia, M. P., & Neuschatz, J. S. (1996). False memories: Where does encoding opportunity fit into the equation? *Poster presented at the 37th Annual Meetings of the Psychonomic Society*, Chicago.

Toglia, M. P., Neuschatz, J. S., & Goodwin, K. A. (1999). Recall accuracy and illusory memories: When more is less. *Memory*, 7, 233–256.

Tun, P. A., Wingfield, A., Rosen, M. J., & Blanchard, L. (1998). Older adults show greater susceptibility to false memory than young adults: Temporal characteristics of false recognition. *Psychology and Aging*, 13, 230–241.

Tussing, A. A., & Greene, R. L. (1997). False recognition of associates: How robust is the effect? *Psychonomic Bulletin and Review*, 4, 572–576.

Tussing, A. A., & Greene, R. L. (1999). Differential effects of repetition on true and false recognition. *Journal of Memory and Language*, 40, 520–533.

Underwood, B. J. (1965). False recognition produced by implicit verbal responses. *Journal of Experimental Psychology*, 70, 122–129.

Vallano, J. P. & Compo, N. S. (2011). A comfortable witness is a good witness: Rapport-building and susceptibility to misinformation in an investigative mock-crime interview. *Applied Cognitive Psychology*, 25, 960–970.

Van de Ven, V., Otgaar, H., & Howe, M. L. (2017). A neurobiological account of false memories. In *Finding the truth in the courtroom: Dealing with deception, lies, and memories*. New York: Oxford University Press.

错误记忆

Van Damme, I. , & Smets, K. (2014). The power of emotion versus the power of suggestion: Memory for emotional events in the misinformation paradigm. *Emotion*, 14(2), 310–320.

Von Glahn, N. R. , Otani, H. , Migita, M. , Langford, S. J. , & Hillard, E. E. (2012). What is the cause of confidence inflation in the Life Events Inventory (LEI) paradigm? *Journal of General Psychology*, 139, 134–154.

Wang, J. , Otgaar, H. , Howe, M. L. , Smeets, T. , Merckelbach, H. , & Nahouli, Z. (2017). Undermining belief in false memories leads to less efficient problem-solving behavior. *Memory*, 25, 910–921.

Wang, J. Q. , Otgaar, H. , Smeets, T. , Howe, M. L. , Merckelbach, H. , & Zhou, C. (2018). Consequences of false memories in eyewitness testimony: A review and implications for Chinese legal practice. *Psychological Research on Urban Society*, 1(1) 12–25.

Wang, J. Q. , Otgaar, H. , Howe, M. L. , & Zhou, C. (2019). A self-reference false memory effect in the DRM paradigm: Evidence from Eastern and Western samples. *Memory & Cognition*, 47(1), 76–78.

Warren, A. R. , & Lane, P. L. (1995). Effects of timing and type of questioning on eyewitness accuracy and suggestibility. In: M. Zaragoza, J. R. Graham, G. N. N. Hall, R. Hirschman, & Y. S. Ben-Porath (Eds.), *Memory, suggestibility, and eyewitness testimony in children and adults*. Thousand Oaks, CA: Sage.

Watson, J. M. , Balota, D. A. , & Sergent-Marshall, S. D. (2001). Semantic, phonological, and hybrid veridical and false memories in healthy older adults and in individuals with dementia of the Alzheimer's type. *Neuropsychology*, 2, 254–267.

Watson, J. M. , Bunting, M. F. , Poole, B. J. , & Conway A. R. A. (2005). Individual differences in susceptibility to false memory in the Deese-Roediger-McDermott paradigm. *Journal of Experimental Psychology: Learning, Memory, and Cognition*, 31(1), 76–85.

Watson, J. M. , McDermott, K. B. , & Balota, D. A. (2004). Attempting to avoid false memories in the Deese/Roediger-McDermott paradigm: Assessing the combined influence of practice and warning in young and old adults. *Memory and Cognition*, 32(1), 135–141.

Weingardt, K. , Toland, H. K. , & Loftus, E. F. (1994). Reports of suggested memories: Do people truly believe them? In: D. Ross, J. D. Read, & M. P. Toglia (Eds.), *Adult Eyewitness Testimony: Current Trends and Developments*, 3–26.

Wells, G. L. , Olson, E. A. , & Charman, S. D. (2003). Distorted retrospective eyewitness reports as functions of feedback and delay. *Journal of Experimental*

Psychology: Applied, *9*, 42 – 52.

Wenzel, A., Jostad, C., Brendler, J. R., Ferraro, F. R., & Lystad, C. M. (2004). An investigation of false memories in anxious and fearful individuals. *Behavioural and Cognitive Therapy*, *32*(3), 257 – 275.

Whittlesea, B. W. A. (2002). False memory and the discrepancy-attribution hypothesis: The prototype-familiarity illusion. *Journal of Experimental Psychology: General*, *131*(1), 96 – 115.

Whittlesea, B. W., & Williams, L. D. (1998). Why do strangers feel familiar, but friends don't? A discrepancy-attribution account of feelings of familiarity. *Acta Psychologica*, *98*, 141 – 166.

Whittlesea, B. W., & Williams, L. D. (2000). The source of feelings of familiarity: the discrepancy-attribution hypothesis. *Journal of Experimental Psychology: Learning, Memory, and Cognition*, *26*(3), 547 – 565.

Whittlesea, B. W., & Williams, L. D. (2001a). The discrepancy-attribution hypothesis: I. The heuristic basis of feelings of familiarity. *Journal of Experimental Psychology: Learning, Memory, and Cognition*, *27*(1), 3 – 13.

Whittlesea, B. W., & Williams, L. D. (2001b). The discrepancy-attribution hypothesis: II. Expectation, uncertainty, surprise, and feelings of familiarity. *Journal of Experimental Psychology: Learning, Memory, and Cognition*, *27*(1), 14 – 33.

Whittlesea, B. W. A., Masson, M. E. J., & Hughes, A. D. (2005). False memory following rapidly presented lists: The element of surprise. *Psychological Research*, *69*(5 – 6), 420 – 430.

Wilding, E. L., & Rugg, M. D. (1996). An event-related potential study of recognition memory with and without retrieval of source. *Brain*, *119*, 889 – 905.

Wilkinson C., & Hyman I. E. (1998). Individual differences related to two types of memory errors: Word lists may not generalize to autobiographical memory. *Applied Cognitive Psychology*, *12*, S29 – S46.

Winograd, E., Peluso, J. P., & Glover T. A. (1998). Individual differences in susceptibility to memory illusions. *Applied Cognitive Psychology*, *12*, S5 – S27.

Wright, D. B., & Loftus, E. F. (1998). How Misinformation Alters Memories. *Journal of Experimental Child Psychology*, *71*(2), 155 – 164.

Wright, D. B., & Skagerberg, E. M. (2007). Postidentification feedback affects real eyewitnesses. *Psychological Science*, *18*, 172 – 178.

Wright, D. B., Memon, A., Skagerberg, E. M., & Gabbert, F. (2009). When eyewitnesses talk. *Current Directions in Psychological Science*, *18*, 174 – 178.

Yonelinas, A. P. (2002). The nature of recollection and familiarity: a review of 30 years of research. *Journal of Memory and Language*, 46, 441-517.

Zajac, R., Dickson, J., Munn, R., & O'neill, S. (2016). Trussht me, I know what I sshaw: The acceptance of misinformation from an apparently unreliable co-witness. *Legal and Criminological Psychology*, 21, 127-140.

Zajac, R., & Henderson, N. (2009). Don't it make my brown eyes blue: Co-witness misinformation about a target's appearance can impair target-absent line-up performance. *Memory*, 17, 266-278.

Zhu, B., Chen, C., Loftus, E. F., He, Q., Chen, C., Xuemei, L., Lin, C., & Dong, Q. (2012). Brief exposure to misinformation can lead to long-term false memories. *Applied Cognitive Psychology*, 26, 301-307.

Zhu, B., Chen, C., Loftus, E. F., Lin, C., He, Q., Chen, C., Li, H., Xue, G., Lu, Z., & Dong, Q. (2010). Individual differences in false memory from misinformation: Cognitive factors. *Memory*, 18(5), 543-555.